Klima und Gradtage

in ihren Beziehungen
zur Heiz- und Lüftungstechnik

Von

Ing. M. Hottinger

Privatdozent an der Eidgen. Techn. Hochschule in Zürich

Mit 60 Abbildungen
und 60 Zahlentafeln im Text

Berlin
Verlag von Julius Springer
1938

ISBN-13:978-3-642-89885-3   e-ISBN-13:978-3-642-91742-4
DOI: 10.1007/978-3-642-91742-4

Vorwort.

Wer sich mit heiz- und lüftungstechnischen Fragen beschäftigt und das einschlägige Schrifttum verfolgt, hat in der letzten Zeit feststellen können, daß den klimatischen Einflüssen gegen früher vermehrte Aufmerksamkeit geschenkt wird. Manche veraltete Anschauung hat dadurch weichen müssen. Es sei beispielsweise an die Umgestaltung der Wärmebedarfsberechnung erinnert. Auch auf die Ausgestaltung der neuzeitlichen Baukonstruktionen und ihre sachgemäße Verwendung waren diese Untersuchungen z. T. von mitbestimmendem Einfluß. In wirtschaftlicher Beziehung wirkte die zuerst von den Amerikanern, dann auch in anderen Ländern im großen durchgeführte Überwachung von Heizbetrieben an Hand der aus dem Verlauf der Außentemperatur abgeleiteten Gradtage besonders befruchtend. Der heute vorliegende Ausbau der Gradtagtheorie gestattet aber auch sonst eine Reihe von Aufgaben einwandfrei zu beantworten, bei deren Lösung man früher auf bloße Schätzungen angewiesen war. So leistet sie zur Bestimmung der angemessenen Brennstoffmengen, außer bei der schon erwähnten monatlichen oder jährlichen Überwachung der Heizbetriebe, auch bei der Abrechnung mit Mietern, zur unanfechtbaren Beantwortung gewisser Streitfragen und zur Lösung von mancherlei technischen Aufgaben gute Dienste. Das Buch enthält eine Menge derartiger Beispiele, die zwecks leichter Auffindbarkeit, und weil sie nur als Ergänzung des Inhalts gedacht sind, kleineren Druck aufweisen. Neu ist der Begriff der Kühlgradtage (Abschnitt III).

Es ist somit kein Zufall, wenn den Gradtagen in dem Buch besondere Aufmerksamkeit geschenkt wird. Aber auch in anderer Hinsicht besteht heute für die Fachleute der Heiz- und Lüftungstechnik, die ihre Tätigkeit nicht nur handwerksmäßig betreiben wollen, genügend Veranlassung, daß sie den klimatischen Fragen ihre Aufmerksamkeit schenken. Es sei beispielsweise an die bauliche Ausgestaltung der Heizeinrichtungen und an die zweckentsprechende Wahl geeigneter Heizarten (z. B. der Strahlungsheizung) erinnert, ferner an die Einflüsse der Sonne, des Windes, der nächtlichen Wärmeabstrahlung usw., die bei den neuzeitlichen Bauweisen mit ihren großen Fenstern viel stärker zur Geltung kommen als früher. Dementsprechend erscheint auch der Wert der leichten Regelbarkeit der Heizungen durch selbsttätige Regler, der Gruppenunterteilung, der Verwendung von Leichtheizkörpern usw. in neuem Licht.

Unter dem Abschnitt Luftfeuchtigkeit wird auch kurz auf das Innenklima und die Wasserverdunstung eingegangen, weil das Innenklima die Heiz- und Lüftungsfachleute ebensosehr berührt wie das Außenklima und die Feuchtigkeit von Einfluß auf das Wohlbefinden, ganz besonders aber auf die gute Erhaltung der Gegenstände und in gewissen Arbeitsräumen auch auf die Arbeitsvorgänge, ist.

Als Schweizer habe ich die klimatischen Untersuchungen naturgemäß in erster Linie in bezug auf die Schweiz durchgeführt. Darin liegt aber zweifellos ein nicht zu unterschätzender Vorteil insofern, als die Schweiz Gegenden subtropischen

bis zu arktischen Klimas umfaßt (s. beispielsweise Abb. 35). Zudem steht ein
vorzügliches meteorologisches Beobachtungsmaterial von zur Zeit 125 Beobachtungsstellen zur Verfügung, die über Höhenlagen von rd. 240 bis 2500 m ü. M.
(bei Einbezug des kürzlich eröffneten Observatoriums auf dem Jungfraujoch sogar
bis 3500 m ü. M.) verteilt sind. Zur Vervollständigung der Untersuchungen habe
ich indessen nicht unterlassen, sie, soweit erforderlich, auf Europa, ja sogar auf
die Erde auszudehnen, insbesondere Orte mit ausgesprochenerem See- und
Binnenklima zum Vergleich heranzuziehen. Außer auf die von den Meteorologen
zur Verfügung gestellten Angaben stützt sich das Buch auch vielfach auf eigene
Beobachtungen und Versuche verschiedenster Art, u. a. an einem auf dem Dach
des Physikgebäudes der Eidgenössischen Technischen Hochschule in Zürich aufgestellten Versuchshaus.

Die über 4jährigen, z. T. sehr mühsamen und zeitraubenden Arbeiten sind
heute zu einem gewissen Abschluß gelangt, so daß die Herausgabe der Ergebnisse
in einem zusammenfassenden Buche angezeigt erscheint. Ich werde hierzu besonders ermuntert durch das freundliche Entgegenkommen der Verlagsbuchhandlung Julius Springer und außerdem durch zahlreiche Zuschriften aus dem
In- und Ausland, die den Wunsch ausdrückten, das verstreut erschienene Material
zusammengefaßt beziehen zu können. Die bisherigen Veröffentlichungen von
Teilgebieten sind vor allem im „Gesundheits-Ingenieur" und in der Zeitschrift
„Schweizerische Blätter für Heizung und Lüftung" erschienen. Sie behandeln
aber jeweils nur Einzelheiten, diese dann allerdings teilweise erheblich ausführlicher als es in dem vorliegenden zusammenfassenden Buche möglich ist, weshalb sie zum eingehenden Studium der betreffenden Teilgebiete durchaus nicht
überholt sind, sondern im Gegenteil eine Ergänzung des Buches bilden.

Es wird mich freuen, wenn die Heiz- und Lüftungsfachleute, aber auch die
Klimatologen, Meteorologen und anderen Wissenschaftler, die sich mit den Klimaverhältnisse abzugeben haben, brauchbare Angaben und Anregungen in dem
Buche finden und auf diese Weise ein weiterer Beitrag zur Nutzbarmachung der
reichen, in den Archiven der meteorologischen Anstalten liegenden Schätze geleistet worden ist.

Zürich, im Januar 1938.

M. Hottinger.

Inhaltsverzeichnis.

Zeichenerklärung.

t_t = mittlere Tagestemperatur in °C.
t_m = mittlere Monatstemperatur in °C.
t = mittlere Jahrestemperatur in °C.
t_0 = mittlere Jahrestemperatur eines Bezugsortes in °C.
t_a = mittlere Tiefsttemperatur in °C.
t_{a_1} = mittlere Außentemperatur bezogen auf eine bestimmte Heizdauer in °C.
t_i = Innentemperatur in °C.
t_z = Heizgrenze in °C.
z = Anzahl der jährlichen Heiztage.
h = Höhe in m.
α = durchschnittliche Temperaturänderung bei 100 m Höhenunterschied in °C.
Q_h = stündlicher Höchstwärmebedarf in kcal.
G_t = Gradtage.
K = jährlicher Koksbedarf in kg.
C = mittlerer Koksverbrauch für je 1000 berechnete kcal/h und Gradtag.
St_v = tägliche Vollbetriebsstunden.
H_u = unterer Heizwert eines Brennstoffes in kcal/kg.
η = Wirkungsgrad.
x = Verhältniszahl zur Umrechnung des Koksbedarfes K auf Anthrazit, Öl und Gas.
mm Hg = Druck in mm Quecksilbersäule.
mm WS = Druck in mm Wassersäule.
ata = Atmosphärendruck absolut.
atü = Atmosphären-Überdruck.
g = Beschleunigung der Schwere = 9,81 und außerdem Gramm.
γ = Raumgewicht in kg/m³.
Wh = Wattstunden.
kWh = Kilowattstunden.
p_s = Druck des Wasserdampfes bei voll gesättigter Luft, bzw. bei der Temperatur des verdunstenden Wassers in mm Hg.
p_D = Teildruck des in der Luft enthaltenen Wasserdampfes in mm Hg.
φ = relativer Feuchtigkeitsgehalt der Luft in Vonhundertteilen.

Weitere im Text vorkommende Buchstabenbezeichnungen sind jeweils an Ort und Stelle erklärt.

Abkürzungen.

S. M. Z. = Schweizerische Meteorologische Zentralanstalt.
V. S. C. I. = Verein Schweiz. Centralheizungsindustrieller.
Schweiz. Bl. f. Hzg. und Lftg. = Schweizerische Blätter für Heizung und Lüftung.
Gesundh.-Ing. = Gesundheits-Ingenieur.
Regeln DIN 4701 = Schmidt, E.: Regeln für die Berechnung des Wärmebedarfes von Gebäuden, Ausgabe 1929. Vertrieb durch den Beuth-Verlag G. m. b. H., Berlin S 14.

I. Die Außentemperatur.

Klima und Heizung stehen in mancherlei Beziehungen zueinander, die sowohl bei der Berechnung als beim Betrieb und der Überwachung der Heizanlagen von Bedeutung sind. Das ist in besonderem Maße der Fall, wenn auch die Lüftungs- und Klimaanlagen mit einbezogen werden.

Während man in warmen Gegenden z. T. ganz ohne Heizung, bzw. mit gelegentlich in Betrieb gesetzten Hilfsheizungen, die dann meist sehr einfacher Natur sind, auskommt, verlangen gemäßigte Klimate geschmeidige Heizungen, die gestatten, den wechselnden Wärmebedarfen rasch gerecht zu werden. Und in kalten, rauhen Gegenden, wo die Heizung viel Brennstoff erfordert, tritt besonders die Wirtschaftlichkeit in den Vordergrund des Interesses. Lüftungs- und Klimaanlagen haben die Aufgabe, das Innenklima in Aufenthalts-, Herstellungs-, Lagerräumen usw. zu beeinflussen. Ihre Berechnung ist ebenfalls vom Außenklima abhängig. In mancherlei Hinsicht spielt auch die Höhenlage ü. M. eine Rolle.

Unter den z. B. für die Berechnung der Heizungen und ihren Brennstoffbedarf in Betracht kommenden Einflüssen steht die Temperatur weitaus an erster Stelle. Außerdem sind mitbestimmend Sonnenscheindauer, Wind usw. Diese Verhältnisse gestalten sich von Ort zu Ort verschieden, aber selbst in ein und derselben Gegend weisen sonnig und gegen starke Windeinflüsse geschützt gelegene Häuser kleinere Heizwärmebedarfe auf als solche an schattigen, feuchten oder windreichen Lagen.

Im folgenden befasse ich mich zuerst mit dem wichtigsten dieser Einflüsse, der Außentemperatur.

1. Die Bestimmung der mittleren Tages- und Monatstemperaturen.

Die mittleren Tages- und Monatstemperaturen werden von den meterorologischen Anstalten der verschiedenen Länder unterschiedlich bestimmt. Meist wird aus 3- oder 4maligen täglichen Ablesungen das Dreier- oder Vierermittel gebildet, letzteres meist nach der Formel

$$\frac{\text{Abl. morgens} + \text{Abl. mittags} + 2\,\text{mal Abl. abends.}}{4}$$

Vielerorts werden auch die Aufzeichnungen von selbsttätigen Temperaturschreibern zur Bestimmung der sog. wahren Mittel verwendet oder dann wenigstens die berechneten Dreier bzw. Vierermittel auf Grund von genügend langen Beobachtungen entsprechend richtiggestellt. Es gibt jedoch noch andere Bestimmungsarten. In Norwegen z. B. berechnet man die Tagesmittel an Orten, wo keine Selbstschreiber zur Verfügung stehen nach der Formel

$$\frac{\text{Abl. morgens} + \text{Abl. abends} + \text{Tageshöchstwert} + \text{Tagestiefstwert}}{4}$$

und die wahren Monatsmittel nach der Köppenschen Formel.

Es besteht diesbezüglich also keine Einheitlichkeit. Außerdem werden die täglichen Ablesungen in den verschiedenen meteorologischen Netzen z. T. zu ungleichen Tageszeiten vorgenommen. Auch ist zu beachten, daß die Lufttemperaturen am gleichen Ort, oft schon auf kleine Abstände, erhebliche Unterschiede aufweisen können. Dies wurde z. B. in auffallender Weise auf Grund von Temperaturmeßfahrten mit einem ,,fahrenden Laboratorium'' für Wien festgestellt[1]. Im Innern großer Städte ist die Atmosphäre wesentlich wärmer als in den Außenquartieren mit offener Bebauung oder gar auf dem offenen Feld der weitern Umgebung. Für Berlin-Innenstadt ist die mittlere Jahrestemperatur z. B. zu 9,1°, für Berlin-Umgebung zu 8,3°, für Köln-Innenstadt zu 10°, für Köln-Umgebung zu 9,4° ermittelt worden. In Wien soll der Unterschied 0,5°, in Paris 0,75°, in Moskau 0,7° und in Graz sogar 1,4° betragen. Auch ergeben die Beobachtungen am Morgen, Mittag und Abend ungleiche Unterschiede, so in Berlin +0,7, +0,4, +1°[2].

[1] Brezina, E. und Schmidt, W.: Das künstliche Klima in der Umgebung des Menschen, S. 176. Stuttgart: Ferdinand Enke Verlag 1937.

[2] Reisner: Gesundheitstechnik, Städtehygiene und Klima. Gesundh.-Ing. Bd. 60 (1937) S. 530.

Zahlentafel 1. Mittlere Monatstemperaturen an verschiedenen Orten der Erdoberfläche.

Nr.	Ort	Zeit	Monat												Jahres-mittel °C	Größter Unter-schied °C
			Juli °C	Aug. °C	Sept. °C	Okt. °C	Nov. °C	Dez. °C	Jan. °C	Febr. °C	März °C	April °C	Mai °C	Juni °C		
1	Lugano (275 m ü. M.)	1864—1930	21,3	20,4	17,0	11,5	6,2	2,7	1,6	3,3	7,0	11,1	15,3	19,1	11,4	19,7
2	Zürich (493 m ü. M.)	1864—1930	18,1	17,2	14,0	8,6	3,7	0,2	—0,9	0,8	4,2	8,6	13,0	16,3	8,6	19,0
3	Davos-Platz (1561 m ü. M.)	1864—1930	12,0	11,3	8,3	3,5	—1,4	—5,6	—7,1	—5,3	—2,3	2,1	7,0	10,2	2,7	19,1
4	Bevers (Engadin) (1710 m ü. M.)	1864—1930	11,5	10,7	7,5	2,5	—3,4	—8,3	—9,6	—7,6	—4,0	0,7	6,0	9,6	1,3	21,1
5	Säntis (2500 m ü. M.)	1888—1930	4,8	4,8	2,7	—0,9	—4,7	—7,3	—8,6	—8,8	—7,4	—4,7	—0,2	2,8	—2,3	13,6
6	Paris	1851—1900	18,3	17,7	14,7	10,1	5,8	2,7	2,3	3,6	5,9	9,9	13,0	16,5	10,1	16,0
7	London	1871—1915	16,9	16,3	13,8	9,8	6,6	4,6	3,9	4,5	5,7	8,4	11,6	15,0	9,8	13,0
8	Vlissingen (Niederlande)	1894—1917	17,9	17,8	15,5	11,4	7,2	4,5	3,1	3,4	5,7	8,7	12,7	15,8	10,3	14,8
9	Den Helder (Niederl.)	1894—1917	16,8	17,0	15,0	10,9	7,1	4,4	2,9	3,0	4,7	7,7	11,4	14,9	9,7	14,1
10	Bergen-Fredriksberg (Norwegen)	1861—1920	14,1	13,7	11,2	7,4	4,1	2,0	1,4	1,2	2,0	5,3	9,0	12.5	7,0	12,9
11	Valentia (Irland)	1871—1915	14,9	15,0	13,6	10,9	8,6	7,5	7,1	7,0	7,4	9,0	11,3	13,8	10,5	8,0
12	Thorshavn (Farör)	1873—1920	10,6	10,4	9,1	6,7	4,7	3,5	3,2	3,1	3,0	4,9	6,8	9,3	6,3	7,6
13	Dutch-Harbor (Aleuten)	1882—1885 u.1906—1922	10,8	10,8	8,5	5,3	1,8	0,1	—0,1	—0,1	0,8	1,7	4,7	7,8	4,3	10,9

Aus alledem geht hervor, daß die zur Verfügung stehenden Temperaturangaben keinen Anspruch auf Unfehlbarkeit machen können. Genauere Werte sind indessen nicht erhältlich und die vorhandenen genügen ja auch im allgemeinen zur Lösung der in Frage kommenden Aufgaben der Heizpraxis vollkommen. Dazu sind vor allem die Kurven der mittleren Monatstemperaturen von Bedeutung.

2. Die Kurven der mittleren Monatstemperaturen.

In Zahlentafel 1 sind die mittleren Monatstemperaturen für einige Orte mit sehr ungleichen klimatischen Verhältnissen angegeben. Einerseits wurden tiefliegende Orte gewählt, deren Klima vom Meer verschieden stark beeinflußt wird,

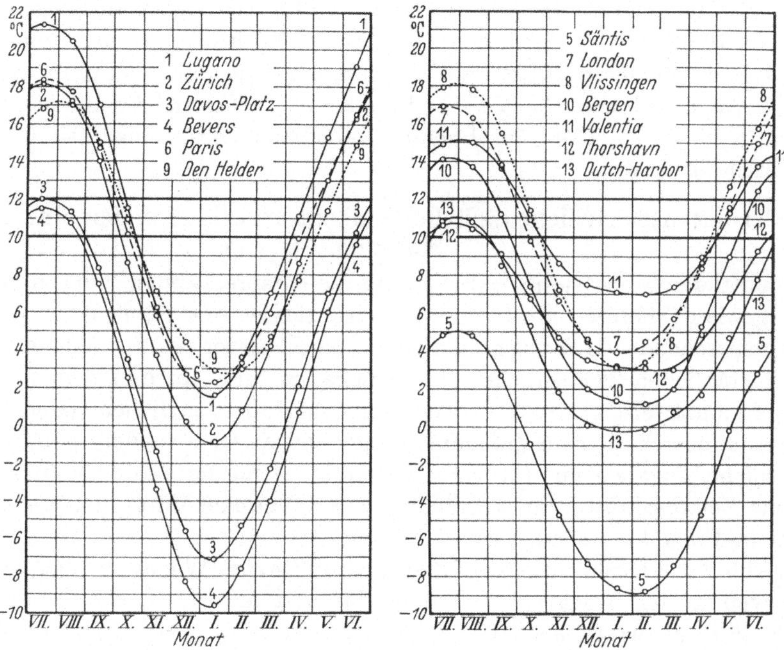

Abb. 1. Verlauf der Kurven der mittleren Monatstemperaturen an den in Zahlentafel 1 angegebenen Orten.

anderseits schweizerische Orte, die sich nahezu am selben Punkt der Erdoberfläche befinden, aber große Höhenunterschiede aufweisen.

Weiter sind in Abb. 1 die entsprechenden Temperaturkurven aufgezeichnet. Es ergibt sich, daß die Schwankungen zwischen den Höchst- und den Tiefstwerten sehr ungleich sind. Die kleinsten Unterschiede weisen die Orte mit Seeklima auf (London 13,0°, Vlissingen 14,8°, Den Helder 14,1°, Bergen 12,9°), namentlich wenn noch örtliche Einflüsse wie z. B. die Einwirkung des Golfstromes oder der Westwindtrift hinzukommen (Valentia an der Südwestküste Irlands 8,0°, Thorshavn auf den mitten im Golfstrom gelegenen Farörinseln 7,6°, Dutch-Harbor auf dem inselreichen Landstreifen zwischen dem großen Ozean und dem Beringmeer 10,9°). Die Unterschiede z. B. zwischen den Farörinseln und der Schweiz sind außerordentlich groß, beträgt doch in Thorshavn die mittlere Monatstemperatur trotz der nördlichen Lage im Dezember 3,5°, im Januar 3,2°, im Februar 3,1°, im Juli dagegen nur 10,6° und im August 10,4°. Auch in den wärmsten Monaten muß daher oft geheizt werden, wie ich mich anläßlich eines längeren Aufenthaltes daselbst im August 1930 selber überzeugen konnte, während anderseits im Winter auf den Farörinseln nur selten Schnee fällt. Zudem ist die Atmosphäre fast ständig stark mit Wasserdunst erfüllt, so daß selbst an schönen Tagen die Sonneneinwirkung klein ist. Daß an solchen Orten wesentlich geringere Anforderungen an die Leistungsfähigkeit und rasche Regelmöglichkeit der Heizungen zu stellen sind als an Orten mit großen Temperaturwechseln, ist klar.

Für Nichtmeteorologen ist überraschend, daß auch auf Berggipfeln verhältnismäßig kleine Unterschiede zwischen den Höchst- und Tiefstwerten der mittleren Monatstemperaturen auftreten (Säntis 13,6°), während z.B. Paris bereits einen solchen von 16° und die in Zahlentafel 1 angeführten Ortschaften der Schweiz solche von 19,0 bis 21,1° aufweisen. In Gegenden mit ausgesprochenem Binnenklima, z.B. in Zentralrußland und Sibirien, sind die Schwankungen noch viel größer, beträgt doch z.B. für Werchojansk nach J. Hann[1] die mittlere Monatstemperatur im Juli +15,4°, im Januar —50,5°, der Unterschied also 65,9° (vgl. auch Abschnitt II 5).

3. Der durchschnittliche tägliche Temperaturverlauf in den einzelnen Monaten.

Die mittleren Monatstemperaturen und die entsprechenden Kurven gestatten bereits gewisse Schlüsse hinsichtlich des Einflusses des Klimas auf die Wahl zweckentsprechender Heizarten zu ziehen. Noch besser ist dies jedoch möglich, wenn die täglichen Temperaturverlaufe bekannt sind. In den Abb. 2—9 habe ich daher monatweise zuerst den durchschnittlichen täglichen Gang der Lufttemperatur für acht der in Zahlentafel 1 genannten Orte wiedergegeben. Leider stehen solche Angaben nur für verhältnismäßig wenig Orte und zudem über verschiedene Zeitabschnitte zur Verfügung. Der Vergleichsstoff genügt indessen für den in Frage kommenden Zweck.

Die Abb. 2 u. 3 beziehen sich auf Zürich und Paris. Wie ersichtlich, verlaufen die Kurven in den Monaten September bis und mit April, d.h. während der Heizzeit, in Paris wesentlich über denjenigen Zürichs, während in den Monaten Mai bis August nur geringe Unterschiede bestehen. Die Nähe des Meeres macht sich in Paris im Winter bereits bemerkbar. Daß die Winter in Paris wärmer als in Zürich sind, berücksichtigt man in der Heiztechnik bei den üblichen Wärmebedarfsberechnungen durch die Annahme einer höheren Außentemperatur. Aus Zahlentafel 2, in welcher die Tiefst- und die Höchstwerte der in den Abb. 2—9 wiedergegebenen Temperaturkurven zusammengestellt sind, geht hervor, daß die Schwankungen in Paris z.T. etwas größer, z.T. etwas kleiner als in Zürich sind.

Ein wesentlich anderes Aussehen weisen die Kurven der Abb. 4—8 für London (Observatorium Kew, Richemond), Vlissingen und Den Helder (Niederlande), Bergen (Norwegen) und Valentia (Irland) auf. Wie bemerkt, kommt an diesen Orten das Meerklima stark zum Ausdruck. Aus Zahlentafel 2 ergibt sich, daß die größten Schwankungen in den verschiedenen Monaten betragen in: Zürich 2,5 bis 9,5°, Paris 3,5 bis 10,1°, London 2,1 bis 7,7°, Vlissingen 1,2 bis 4,7°, Den Helder 1,1 bis 3,5°, Bergen 0,6 bis 4,6° und Valentia 1,2 bis 4,2°.

---

[1] Hann, J.: Klimatologie. Bd. III (1911).

Zahlentafel 2. Tiefst- und Höchstwerte der in den Abb. 2—9 wiedergegebenen durchschnittlichen täglichen Temperaturverlaufe in den einzelnen Monaten.

Monat	Zürich[1] (1901—1930)			Paris[2] (1890—1894)			London[3] (1871—1915)			Vlissingen[4] (1903—1911)			Den Helder[4] (1903—1911)			Bergen[5] (1896—1931)			Valentia[3] (1871—1915)			Säntis[1] (1901—1930)		
	Tiefstwert	Höchstwert	Unterschied	Tiefstwert	Höchstwert	Unterschied	Tiefstwert	Höchstwert	Unterschied	Tiefstwert	Höchstwert	Unterschied	Tiefstwert	Höchstwert	Unterschied	Tiefstwert	Höchstwert	Unterschied	Tiefstwert	Höchstwert	Unterschied	Tiefstwert	Höchstwert	Unterschied
	°C	°C	°C	°C	°C	°C	°C	°C	°C	°C	°C	°C	°C	°C	°C	°C	°C	°C	°C	°C	°C	°C	°C	°C
Januar	—1,4	1,9	3,3	0,27	3,84	3,57	3,1	5,4	2,3	2,5	4,0	1,5	2,5	3,6	1,1	1,13	1,94	0,81	6,7	7,9	1,2	—8,9	—7,8	1,1
Februar	—1,5	4,3	5,8	1,66	7,24	5,58	3,2	6,6	3,4	2,7	4,5	1,8	2,5	3,9	1,4	0,62	2,29	1,67	6,3	8,2	1,9	—9,5	—7,9	1,6
März	1,6	8,8	7,2	2,81	10,73	7,92	3,4	8,6	5,2	4,2	7,6	3,4	3,5	6,2	2,7	0,86	3,70	2,84	6,1	9,0	2,9	—8,0	—6,0	2,0
April	4,6	12,5	7,9	5,53	15,67	10,14	5,2	11,9	6,7	6,8	10,8	4,0	6,3	9,2	2,9	3,42	7,53	4,11	7,3	11,0	3,7	—5,8	—3,5	2,3
Mai	8,7	18,2	9,5	8,69	17,83	9,14	7,8	15,3	7,5	10,4	15,1	4,7	9,7	13,2	3,5	6,67	11,20	4,53	9,2	13,4	4,2	—1,3	1,6	2,9
Juni	11,6	20,8	9,2	11,66	21,01	9,35	11,0	18,7	7,7	13,8	18,0	4,2	13,5	16,5	3,0	10,19	14,77	4,58	11,7	15,8	4,1	1,5	4,5	3,0
Juli	13,3	22,8	9,5	13,13	21,71	8,58	13,1	20,6	7,5	15,7	20,3	4,6	15,3	18,4	3,1	11,91	16,43	4,52	13,2	16,8	3,6	3,6	6,6	3,0
August	12,9	22,4	9,5	12,89	22,31	9,42	12,9	20,0	7,1	15,8	20,1	4,3	15,5	18,6	3,1	11,88	15,78	3,90	13,5	16,9	3,4	3,6	6,5	2,9
September	10,6	18,7	8,1	10,47	19,60	9,13	10,7	17,4	6,7	13,6	17,8	4,2	13,4	16,8	3,4	9,82	13,17	3,35	12,2	15,5	3,3	1,7	4,1	2,4
Oktober	6,7	12,8	6,1	7,38	13,73	6,35	7,8	12,7	4,9	10,2	13,2	3,0	9,7	12,5	2,8	6,56	8,87	2,31	9,9	12,4	2,5	—1,5	0,4	1,9
November	2,4	5,9	3,5	4,57	8,59	4,02	5,4	8,6	3,2	6,5	8,3	1,8	6,5	8,1	1,6	3,69	4,88	1,19	8,0	9,7	1,7	—5,6	—4,3	1,3
Dezember	0,2	2,7	2,5	0,41	3,87	3,46	3,9	6,0	2,1	4,1	5,3	1,2	4,0	5,1	1,1	1,82	2,42	0,60	7,1	8,3	1,2	—7,7	—6,8	0,9

[1] Angaben der Schweiz. Meteorologischen Zentralanstalt.
[2] Angaben des Office national météorolique für Parc Saint-Maur, Paris.
[3] The British meteorological and magnetic Year Book 1916, Part. IV, published by the Meteorological Office. Die Angaben für London beziehen sich auf das Kew Observatorium Richemond.
[4] Mededeelingen en Verhandelingen Nr. 24, Koninklijk Nederlandsch Meteorologisch Institut 1918.
[5] Birkeland, B. J.: Mittel und Extreme der Lufttemperatur, Oslo 1936.

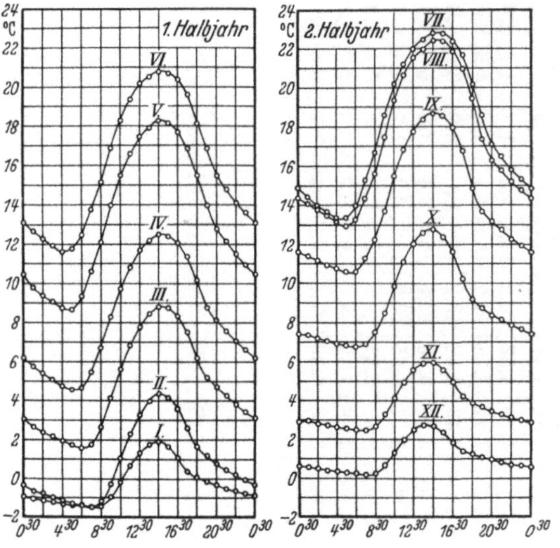

Abb. 2. Zürich 1901—1930. (Nach den Angaben der
Schweiz. Meteorologischen Zentralanstalt.)

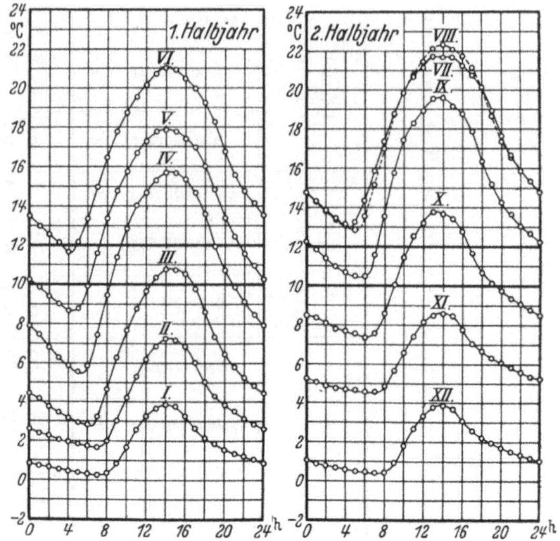

Abb. 3. Paris 1890—1894. (Nach den Angaben des
Office national météorologique in Paris.)

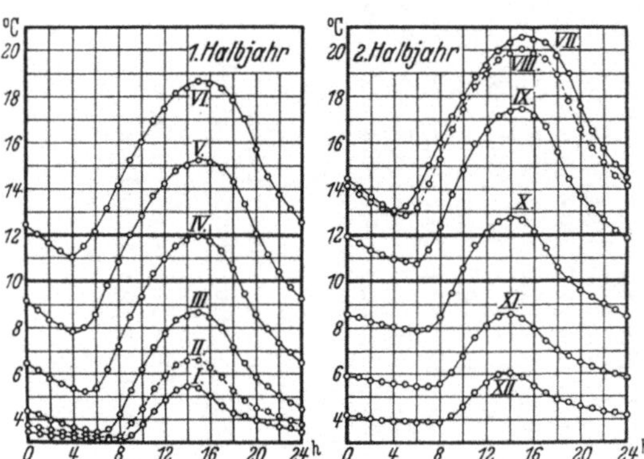

Abb. 4. London, Kew-Observatorium, Richemond
1871—1915. (Aus The British meteorological and
magnetic Year Book 1916, Teil IV.)

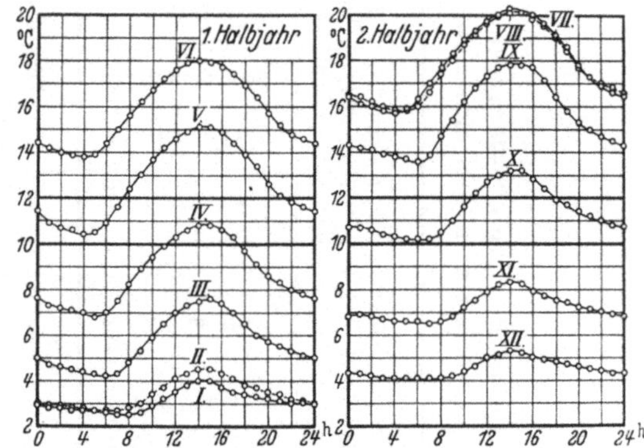

Abb. 5. Vlissingen, Niederlande 1903—1911. (Aus
Mededeelingen en Verhandelingen Nr. 24,
Koninklijk Nederlandsch Meteorologisch Institut.)

In bezug auf die Raumheizungen, insbesondere ihre leichte Regelbarkeit, sind
vor allem diejenigen Monate wichtig, in denen die Temperaturkurven die Heizgrenze von z. B. 10 oder 12°, z. T. unter-, z. T. überschreiten, weil dadurch oft
morgens und abends Heizbedürfnis besteht, tagsüber dagegen nicht. In den
eigentlichen Wintermonaten, in denen die Temperaturkurven ganz unter der
Heizgrenze liegen, werden an die Regelbarkeit der Heizungen bedeutend geringere
Anforderungen gestellt. Allerdings kann auch dann bei Sonnenschein das Heizbedürfnis, namentlich in den von der Sonne getroffenen Räumen, vorübergehend
stark herabgemindert werden. Um ein vollständiges Bild von den an verschiedenen
Orten auftretenden Temperaturschwankungen zu erhalten, genügen daher die
Kurven (Abb. 2—9) noch nicht, sondern es müssen auch die Temperaturverlaufe

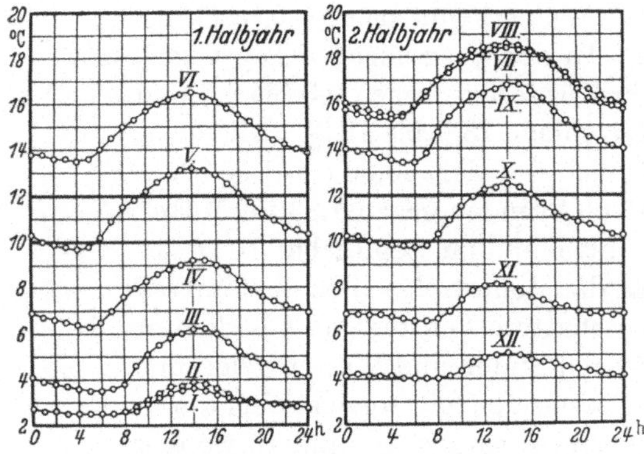

Abb. 6. Den Helder, Niederlande 1903—1911. (Aus
Mededeelingen en Verhandelingen Nr. 24,
Koninklijk Nederlandsch Meteorologisch Institut.)

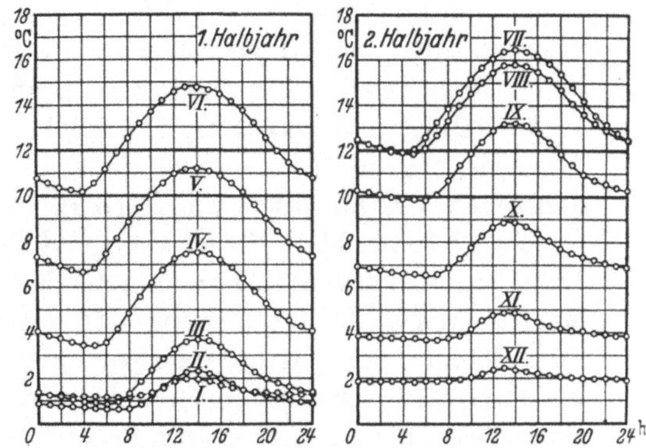

Abb. 7. Bergen, Norwegen 1896—1931. (Aus
Birkeland, Mittel und Extreme der
Lufttemperatur, Oslo 1936.)

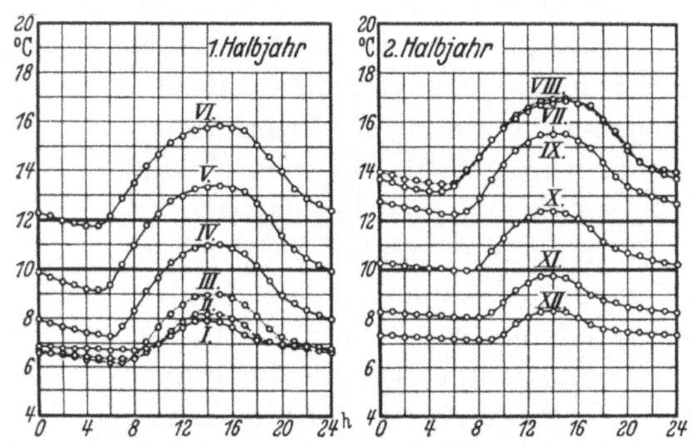

Abb. 8. Valentia an der Südwestküste Irlands
1871—1915. (Aus The British meteorological
and magnetic Year Book 1916, Teil IV.)

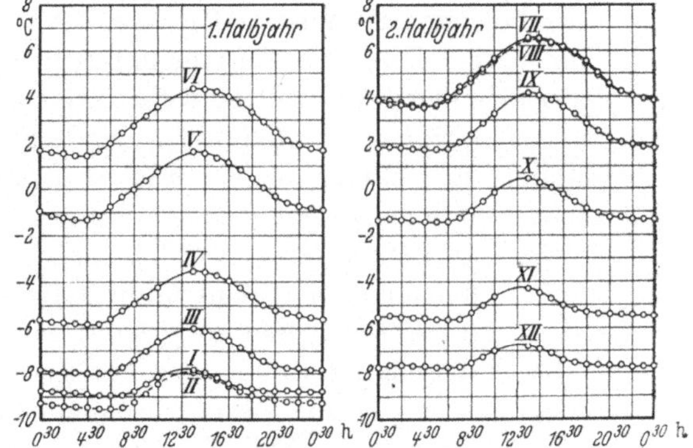

Abb. 9. Observatorium Säntis (Schweiz) 2500 m ü. M.
1901—1930. (Nach den Angaben der Schweiz.
Meteorologischen Zentralanstalt.)

Abb. 2—9. Durchschnittliche tägliche Verlaufe der Lufttemperatur.

an Einzeltagen, besonders an solchen mit großen, die Heizgrenze von z.B. 10°
oder 12° unter- und überschreitenden Temperaturschwankungen betrachtet
werden.

4. Der tägliche Temperaturverlauf an außergewöhnlichen Einzeltagen.

Um Anhaltspunkte über den Temperaturverlauf an außergewöhnlichen Einzeltagen zu erlangen, habe ich in bezug auf Zürich aus den Annalen der S.M.Z.[1] die
Tiefst- und die Höchstwerte für eine größere Zahl solcher Tage zusammengestellt.
Sie betreffen die Übergangsmonate März, April, Mai, September und Oktober. In
diesen Zeiten werden besonders große Anforderungen an die Anpassungsfähigkeit
der Heizungen gestellt. In Abb. 10 sind die Temperaturverlaufe für einige dieser
Tage aufgezeichnet, sowie zum Vergleich die Durchschnittskurven (1901—1930)
eingetragen. Daraus geht klar hervor, wie sehr die Temperaturverlaufe an Einzel-

---

[1] Die Bedeutung der Abkürzungen siehe Seite VII.

tagen von den Mittelwerten abweichen können. Auch erkennt man, wie rasch die Temperaturzu- und -abnahmen u. U. erfolgen. An den ausgesuchten Tagen verliefen die Schwankungen nach Zahlentafel 3 für Zürich zwischen 0,3 bis 6,5 und 17,3 bis 24,4° und betrugen die täglichen Unterschiede 13,9 bis 19,3°. Alle diese Tage wiesen große Sonnenscheindauern auf, nämlich: im März 10,50 bis 11,35 Stunden gegen 3,92 im Mittel, im April 10,85 bis 13,00 Stunden gegen 4,83 im Mittel, im Mai 11,15 bis 14,15 Stunden gegen 6,32 im Mittel und im September 10,20 bis 11,30 Stunden gegen 5,09 im Mittel. Es ist klar, daß demzufolge auch die Sonneneinstrahlung in die Wohnräume durch nicht beschattete Fenster und Oberlichter sehr erheblich war, so daß insbesondere in den nach Süden und Westen gelegenen Zimmern tagsüber bestimmt kein Heizbedürfnis bestanden hat, sondern eher durch Sonnenstoren und Öffnen der Fenster eine Übererwärmung verhindert werden mußte. Daß an solchen Tagen geschmeidige Heizarten erwünscht sind, ist selbstverständlich. Je größer die Fensterflächen sind, um so rascher und höher steigen natürlich bei Sonneneinstrahlung die Temperaturen in den Räumen. Das spricht deutlich dafür, wie wichtig gute Regelbarkeit der Heizungen hinsichtlich Annehmlichkeit und Wirtschaftlichkeit ist und beweist gleichzeitig, daß es bei einem Klima wie demjenigen Zürichs unmöglich ist, öl- oder gasbefeuerte Heizkessel in befriedigender Weise mittels selbsttätigen Reglern zentral, d.h. von einem Raum aus, zu bedienen. Befindet sich der Regler in einem von der Sonne beeinflußten Zimmer, so stellt er die Feuerung bei Sonneneinwirkung bald ab, wodurch die schattenhalb gelegenen Räume zu stark auskühlen. Bringt man ihn dagegen in einem Nordraum unter, so werden die Südzimmer vielfach überheizt. Desgleichen treten erfahrungsgemäß Unstimmigkeiten auf, wenn der Raum mit dem Regler nahe beim Heizkessel oder umgekehrt sehr weit von demselben entfernt liegt. Im ersten Fall schaltet der Regler bei steigender Vorlauftemperatur die Feuerung schon aus, bevor die fern gelegenen Räume richtig aufgeheizt worden sind, während im zweiten Fall die Abschaltung erst erfolgt, nachdem die nahe beim Kessel gelegenen Räume überheizt sind. Die Verhältnisse liegen auch nicht viel anders, wenn statt des Ein- und Ausschaltens einer Ölfeuerung eine vom Regler aus betätigte Rücklaufbeimischung angewendet wird. Soll einwandfreie, selbsttätige Temperaturregelung vorgesehen werden, so bleibt daher nichts übrig als sie raumweise vorzunehmen, derart, daß die Heizung nur des betreffenden Raumes oder höchstens gleich gelegener und beworbener Räume von einem Regler aus beeinflußt wird. Aber auch dann müssen die Regler mit Überlegung so angebracht werden, daß sie weder unmittelbarer Sonnenbestrahlung, noch kalten, z.B. von Fenstern oder Oberlichtern kommenden Luftströmungen und anderen derartigen Einflüssen ausgesetzt sind.

Daß bezüglich zeitweise ungenügender oder übermäßiger Beheizung der Räume auch Speicherheizungen, bei denen die Wärme in den Räumen selber gespeichert wird, unbefriedigend sind, ist gleichfalls zur Genüge bekannt. Besonders schlechte Erfahrungen hat man in dieser Hinsicht mit elektrischen Speicheröfen und Speicher-Fußbodenheizungen, die mit billigem Nachtstrom hochgeheizt werden, gemacht. Da am Abend unmöglich mit Sicherheit vorausgesagt werden kann, wie groß das Wärmebedürfnis der Räume am darauffolgenden Tage sein wird, liegt es nahe, daß die Speicher über Nacht oft zu stark oder zu schwach aufgeladen werden, was andern Tags zu recht unliebsamen Temperaturverhältnissen führen kann. Der

Zahlentafel 3. Tiefst- und Höchstwerte der Außentemperatur, Sonnenscheindauer, relative Feuchtigkeit und mittlere Windgeschwindigkeit an den in
den Abb. 10—13 angegebenen Tagen.

Jahr	Monat	Tag	Außentemperatur			Sonnen-schein-dauer	Relative Feuchtigkeit			Mittlere Windge-schwindig-keit m/s
			Tiefst-wert ° C	Höchst-wert ° C	Unter-schied ° C	Stunden	%	%	%	

Zürich

Jahr	Monat	Tag	Tiefst-wert ° C	Höchst-wert ° C	Unter-schied ° C	Stunden	7³⁰ Uhr %	13³⁰Uhr %	21³⁰Uhr %	m/s
1929	März	30	3,0	19,0	**16,0**	11,20	96	30	67	1,98
1933	,,	29	0,3	19,6	**19,3**	11,35	100	30	58	1,03
1934	,,	30	2,1	17,3	**15,2**	10,50	94	46	67	1,40
1929	April	19	2,8	21,2	**18,4**	13,00	87	27	52	2,04
1933	,,	15	2,3	19,4	**17,1**	12,20	75	41	49	1,78
1934	,,	29	6,1	24,1	**18,0**	10,85	90	38	50	1,44
1929	Mai	5	4,2	22,6	**18,4**	13,10	80	34	55	2,17
1933	,,	21	6,4	24,4	**18,0**	14,15	79	26	40	2,27
1934	,,	16	6,3	23,6	**17,3**	11,15	68	45	65	1,41
1929	September	25	4,9	18,8	**13,9**	10,95	79	35	61	3,56
1933	,,	16	6,4	22,9	**16,5**	11,30	95	47	95	1,20
1934	,,	3	6,5	21,9	**15,4**	10,20	97	34	85	1,08

London (Observatorium Kew)

Jahr	Monat	Tag	Tiefst-wert ° C	Höchst-wert ° C	Unter-schied ° C	Stunden	Tiefst-wert %	Höchst-wert %	Mittel %	m/s
1929	März	29	2,0	19,7	**17,7**	10,4	34	100	70,0	0,9
1933	,,	28	0,3	17,0	**16,7**	9,8	32	98	67,3	1,4
1929	April	17	—0,3	16,7	**17,0**	6,9	47	100	75,6	2,4
1933	,,	15	2,7	15,9	**13,2**	8,4	34	85	61,2	2,5
1934	,,	29	3,0	16,0	**13,0**	6,7	45	100	79,0	2,7
1929	Mai	21	5,2	22,4	**17,2**	13,7	34	95	60,4	1,6
1933	,,	15	4,0	16,0	**12,0**	11,2	46	99	72,7	2,1
1934	,,	6	5,9	16,3	**10,4**	0,1	54	93	70,8	6,9
1929	September	27	4,4	22,1	**17,7**	8,6	47	100	76,3	1,3
1933	,,	15	5,8	19,3	**13,5**	10,4	52	100	78,5	1,7
1934	,,	1	7,1	18,3	**11,2**	9,1	37	98	74,2	1,7

Valentia (Irland)

Jahr	Monat	Tag	Tiefst-wert ° C	Höchst-wert ° C	Unter-schied ° C	Stunden	Tiefst-wert %	Höchst-wert %	Mittel %	m/s
1929	März	30	4,9	16,0	**11,1**	9,8	51	93	76,7	1,7
1929	April	19	6,6	15,5	**8,9**	11,4	48	83	68,2	5,0
1933	,,	17	6,8	15,4	**8,6**	10,4	57	81	69,9	3,9
1934	,,	1	4,1	13,0	**8,9**	8,0	69	88	78,4	2,3
1929	Mai	20	6,0	15,0	**9,0**	12,4	71	97	83,0	2,1
1933	,,	31	8,3	16,6	**8,3**	11,5	69	96	82,0	3,9
1934	,,	30	6,7	17,0	**9,3**	13,7	61	88	76,2	1,4
1929	September	17	7,0	16,4	**9,4**	10,0	81	99	89,1	3,5
1933	,,	14	6,0	15,4	**9,4**	11,4	53	89	71,5	2,6

Observatorium Säntis (Schweiz) 2500 m ü. M.

Jahr	Monat	Tag	Tiefst-wert ° C	Höchst-wert ° C	Unter-schied ° C	Stunden	7³⁰ Uhr %	13³⁰Uhr %	21³⁰Uhr %	m/s
1929	Juni	19	6,4	12,6	**6,2**	3,3	100	75	100	3,40
1934	,,	25	5,0	14,1	**9,1**	6,8	29	63	76	4,35
1929	Juli	22	8,7	15,5	**6,8**	12,7	45	60	85	4,41
1933	,,	11	5,4	13,4	**8,0**	4,8	48	66	96	7,92
1934	,,	20	6,1	14,8	**8,7**	13,5	39	57	57	4,61
1929	August	29	7,9	15,4	**7,5**	8,9	41	70	85	1,92
1933	,,	9	8,3	14,9	**6,6**	7,4	97	62	82	4,66
1934	,,	21	6,0	13,4	**7,4**	7,0	45	63	89	4,74
1929	September	12	7,0	13,5	**6,5**	8,6	46	52	70	3,41
1934	,,	8	7,6	13,0	**5,4**	11,0	42	37	9	5,11

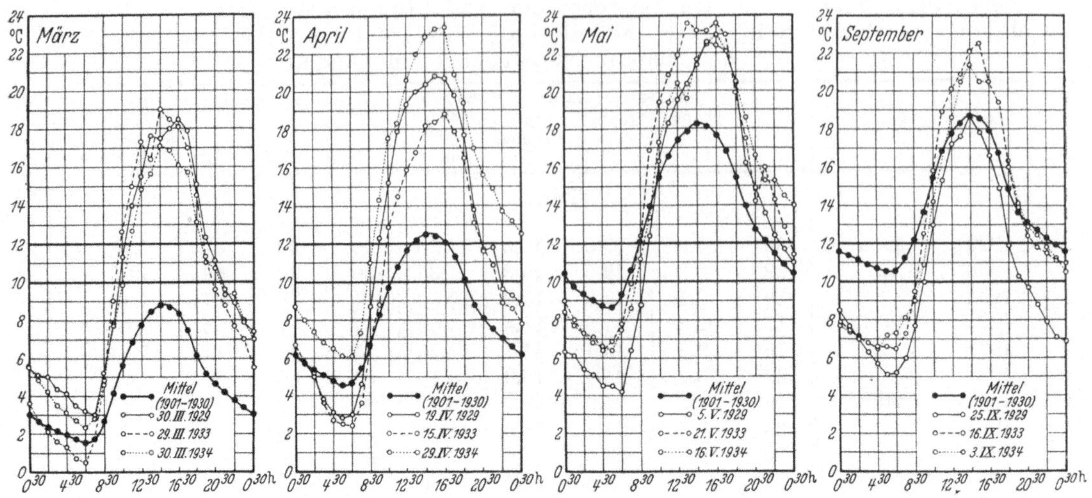

Abb. 10. Zürich. (Einzeltage nach den Annalen, Mittelwerte nach Angaben der Schweiz.
Meteorologischen Zentralanstalt.)

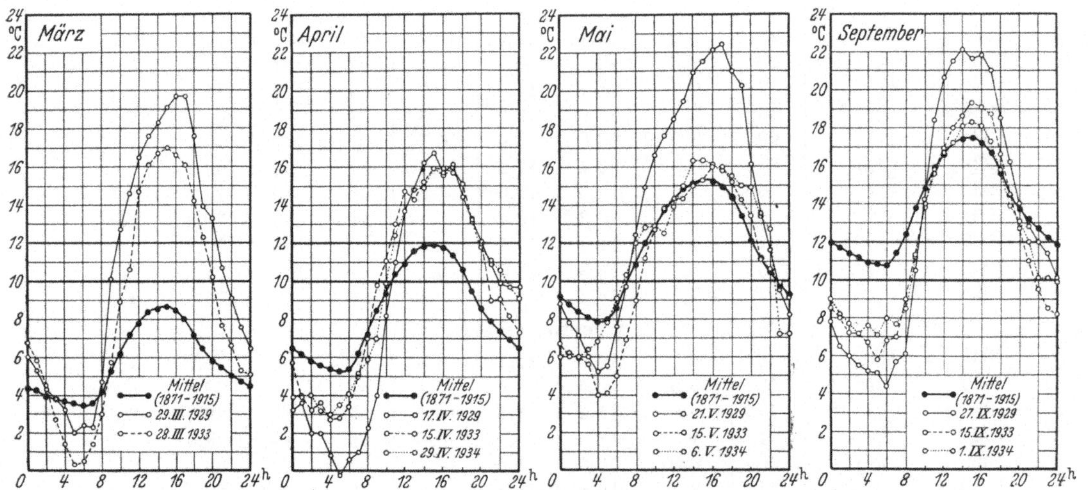

Abb. 11. London (Kew-Observatorium, Richemond). (Einzeltage aus The Observatories, Year Book,
Durchschnittswerte aus The British meteorological and magnetic Year Book 1916, Teil IV.)

Übelstand ist geringer, wenn es sich um Speicher handelt, die tagsüber beheizt
werden, also beispielsweise um Kachelöfen, mittels Warmwasser beheizte Fuß-
boden- oder Deckenheizungen usw., da man diese schon leichter den Anforderungen entsprechend heizen kann. Immerhin braucht es auch hierbei aufmerksame
Bedienung, und zwar um so mehr, je größer das Speichervermögen ist. Daß an
gewissen Orten ein großes Speichervermögen auf alle Fälle vermieden werden
muß, liegt auf der Hand. Ich denke dabei z. B. an Wochenend- und Skihäuser,
wo Kachelöfen, die erst nach Stunden warm werden und, nachdem man das Haus
verlassen hat, noch einen halben oder ganzen Tag lang nachheizen, nicht am

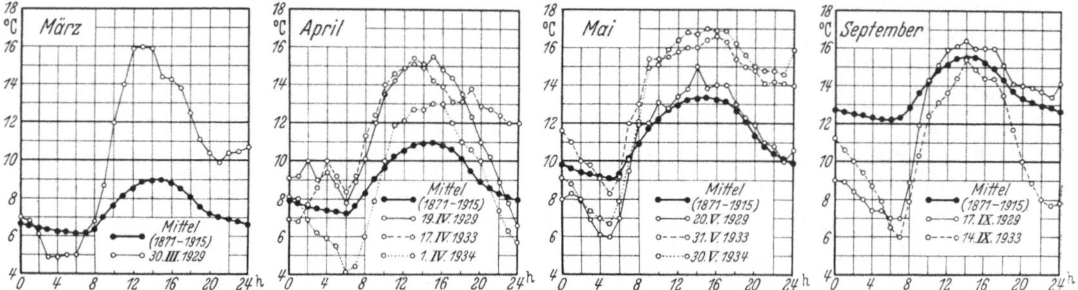

Abb. 12. Valentia an der Südwestküste Irlands. (Einzeltage aus The Observatories, Year Book, Durchschnittswerte aus The British meteorological and magnetic Year Book 1916, Teil IV.)

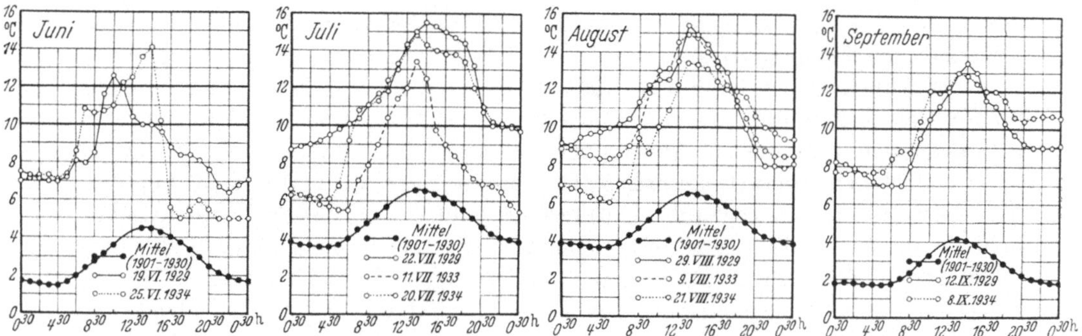

Abb. 13. Säntis. (Einzeltage nach den Annalen, Mittelwerte nach Angaben der Schweiz. Meteorologischen Zentralanstalt.)

Abb. 10—13. Vergleich der Temperaturverlaufe an einigen außergewöhnlichen Tagen der Übergangszeiten, bzw. beim Säntis des Sommers, mit den langjährigen Durchschnittswerten der betreffenden Monate.

Platze sind. Auch liegen die Verhältnisse diesbezüglich an Orten mit raschen Klimawechseln und häufiger vorübergehender starker Sonnenbestrahlung ungünstiger als in Gegenden mit ausgeglichenen Temperaturverhältnissen, an denen die Sonne selten und auch dann infolge starker Verunreinigung der Atmosphäre in der Regel nur mit geringer Wirkung scheint.

Bekannt ist, daß man die Geschmeidigkeit der seit langem bekannten Warmwasserheizung in neuerer Zeit durch Verwendung von Leichtradiatoren mit kleinen Eisengewichten und Wasserinhalten noch weiter gesteigert hat.

Um ein Bild davon zu erlangen, wie es mit den täglichen Temperaturschwankungen an Orten steht, die so flach verlaufende durchschnittliche Temperaturkurven aufweisen, wie sie in den Abb. 4—9 wiedergegeben sind, habe ich in den Abb. 11—13 für London, Valentia und den Säntis die Temperaturverlaufe ebenfalls für einige außergewöhnliche Tage aufgezeichnet. Für Bergen (Fredriksberg) liegen die Verhältnisse, wie aus den vom Meteorologischen Institut in Oslo erhaltenen Angaben hervorgeht, ganz ähnlich wie für Valentia, weshalb ich es unterlassen habe, die entsprechenden Temperaturkurven ebenfalls wiederzugeben. Beim Vergleich von Abb. 12 mit der sich auf Zürich beziehenden Abb. 10

ergibt sich, daß Valentia viel kleinere Temperaturschwankungen aufweist. Für gewisse Monate (April 1933 und 1934 sowie September 1934) lassen sich sogar überhaupt keine derartigen Tage, in denen die Heizgrenze wesentlich unter- und überschritten worden wäre, feststellen. Nach Zahlentafel 3 verlaufen die Schwankungen an den ausgesuchten Tagen in Valentia zwischen 4,1 bis 8,3° und 13,0 bis 17,0° und die Unterschiede zwischen den Tiefst- und Höchstwerten betragen 8,3 bis 11,1° gegen 13,9 bis 19,3° in Zürich. Beim Aufsuchen der in Frage kommenden Tage ergab sich zufällig, daß sowohl für Zürich als Valentia der 30. März 1929 und der 19. April 1929 in Betracht zu ziehen sind. An diesen beiden Tagen hat, wie aus Zahlentafel 3 hervorgeht, die Sonne in Zürich nur wenig länger als in Valentia (11,2 und 13,0 gegen 9,8 und 11,4 Stunden) geschienen. Trotzdem stieg die Temperatur in Zürich von 3,0 und 2,8° auf 19,0 und 21,2°, in Valentia dagegen nur von 4,9 und 6,6° auf 16,0 und 15,5°. Die Tiefsttemperaturen lagen also in Valentia, trotz der viel nördlicheren Lage an den betreffenden Tagen erheblich höher als in Zürich und die Sonne übte einen kleineren Einfluß auf das Ansteigen der Temperatur aus.

Zieht man London (Abb. 11) zum Vergleich mit Zürich heran, so zeigt sich, daß für die meisten Tage das gleiche wie für Valentia gilt, in London gelegentlich aber auch Temperaturschwankungen vorkommen, die denjenigen in Zürich nicht nachstehen, wie z. B. im Jahre 1929 am 29. März, 21. Mai und 27. September. Der Unterschied gegenüber Zürich ist jedoch der, daß in London, ähnlich wie in Valentia, Tage mit so großen, die Heizgrenze unter- und überschreitenden Temperaturunterschieden außerordentlich viel seltener auftreten. So gelang es mir beispielsweise für London und das Jahr 1934 überhaupt nicht für den Monat März einen zum Vergleich in Betracht kommenden Tag ausfindig zu machen.

5. Die Abhängigkeit des durchschnittlichen täglichen Temperaturanstieges von der Sonnenscheindauer.

Es wäre unrichtig, anzunehmen, die Unterschiede zwischen den Tiefst- und Höchstwerten der täglichen Temperaturverlaufe, die Tagesamplituden, müßten in einem bestimmten Verhältnis zur Sonnenscheindauer an den betreffenden Tagen stehen. Trägt man sie in Abhängigkeit von der Sonnenscheindauer auf, so streuen die Punkte sehr stark. Schon aus Zahlentafel 3 geht hervor, daß die Temperaturunterschiede bei kurzen Sonnenscheindauern oft größer sind als bei langen. Besonders auffallend ist, daß am 6. Mai 1934 die Temperatur in London trotz nur 0,1 Stunden Sonnenscheindauer um 10,4° anstieg. Es hängt das wohl mit dem starken, an diesem Tage in London aufgetretenen Südwind zusammen, kann man doch auch in der Schweiz, besonders in der Innerschweiz und im Glarnerland, bei Föhneinbrüchen bisweilen in kurzer Zeit außerordentlich große Temperaturschwankungen feststellen, die mit der Sonnenscheindauer nichts zu tun haben. Beachtenswert ist ferner, daß sich für Berggipfel, z. B. den Säntis, umgekehrt bisweilen Tage ergeben, an denen die Temperatur trotz langer Sonnenscheindauer sinkt. So stellte z. B. das Observatorium auf dem Säntis am 24. März 1933 eine Sonnenscheindauer von 10,2 Stunden fest, wobei die Lufttemperatur trotzdem von —4,6° um 3 Uhr morgens ständig bis auf —10° um Mitternacht sank. Auch am 14. April 1933 nahm die Lufttemperatur tagsüber, trotz einer

Sonnenscheindauer von 11,7 Stunden, etwas ab. Solche Tage gehören allerdings zu den Ausnahmen.

Zahlentafel 4. Durchschnittliche tägliche Anstiege der Lufttemperatur an verschiedenen Orten der Erdoberfläche in Abhängigkeit von den mittleren täglichen Sonnenscheindauern.

Jahresdurchschnitt				Winterhalbjahr (Okt. bis März)				Sommerhalbjahr (April bis Sept.)			
Jahr	Tage	Mittlere Sonnenscheindauer (Stunden)	Mittlerer täglicher Temperaturanstieg (°C)	Jahr	Tage	Mittlere Sonnenscheindauer (Stunden)	Mittlerer täglicher Temperaturanstieg (°C)	Jahr	Tage	Mittlere Sonnenscheindauer (Stunden)	Mittlerer täglicher Temperaturanstieg (°C)
Zürich											
1929	39	0	2,4	1933	29	0,5	4,4	1933	19	0,7	4,8
1933	41	0	3,0	1933	33	2,4	6,5	1933	36	2,5	7,1
1934	65	0	2,3	1934	25	7,4	9,6	1934	41	7,5	11,0
1933	48	0,6	4,5	1934	20	9,1	11,5	1934	22	8,7	12,0
1933	69	2,4	6,8					1934	26	12,0	14,1
1933	41	2,8	7,5					1934	21	13,8	14,8
1934	66	7,5	10,4								
1934	42	8,9	11,7								
London											
1933	40	0	3,2	1934	39	0	2,8	1934	27	6,9	9,2
1934	43	7,0	8,3	1934	19	0,5	4,9	1933	40	11,9	11,2
				1934	16	7,1	6,9				
Valentia											
1933	41	0	2,4	1933	37	2,0	3,0	1933	25	2,0	3,4
1934	42	0	2,2	1934	35	4,3	3,3	1934	34	4,4	3,8
1933	62	2,0	3,1	1934	26	6,1	4,1	1933	25	10,8	6,6
1934	69	4,3	3,6					1933	33	12,2	7,1
1934	36	9,3	5,4								
Säntis											
1933	40	0	1,9	1934	42	0	1,8	1934	34	0	1,7
1934	76	0	1,7	1934	28	5,8	3,3	1934	29	6,2	5,4
1934	21	0,6	2,9	1934	40	9,2	3,2	1934	22	9,0	5,6
1933	27	4,7	3,9					1934	30	12,7	5,8
1934	62	9,1	4,1								
1933	40	11,8	4,5								

Es liegt nahe, zu fragen, ob sich beim Herausziehen einer großen Zahl von Tagen nicht doch eine durchschnittliche Abhängigkeit des täglichen Temperaturanstieges von der Sonnenscheindauer feststellen läßt. Ich habe dies für Zürich, London, Valentia und den Säntis untersucht und bin dabei zu den Ergebnissen gelangt, die in Zahlentafel 4 und Abb. 14 festgehalten sind. Als Grundlagen für die Bestimmungen dienten verschiedene Jahrgänge der Annalen der S.M.Z. und der Observatories Year Books des Air Ministry, London.

Wie aus Zahlentafel 4 hervorgeht, habe ich je eine größere Zahl von sonnenlosen Tagen herausgegriffen, außerdem Tage mit etwa zwischen 0 und 1 Stunden, 3 und 6 Stunden, 8 und 10 Stunden usw. liegenden Sonnenscheindauern. Dazu wurden die Temperaturanstiege vom frühen Morgen bis zum Nachmittag, d. h. für die Zeit der Sonneneinwirkung, bestimmt. Darauf bildete man die Mittel der Sonnenscheindauern und der Temperaturanstiege, woraus sich, bezogen auf die ganzjährigen Feststellungen, die in Abb. 14 aufgezeichneten Durchschnittskurven ergaben. Wie ersichtlich, verlaufen sie für die vier in die Untersuchung einbezogenen Orte sehr verschieden. Für sonnenlose Tage ist der Temperaturanstieg zufolge der diffusen Strahlung zwar stets ungefähr 2 bis 3°. Weiter ergibt sich für Valentia eine Gerade, die für jede Stunde Sonnenscheindauerzunahme eine Steigerung des Temperaturanstiegs um 0,34° aufweist. Die anderen Orte zeigen alle zuerst ein rasches Ansteigen der Temperaturzunahme, worauf die Kurven ebenfalls in Gerade übergehen, deren Anstieg je Stunde Sonnenscheinzunahme beträgt für: Zürich 0,70°, London 0,41°, den Säntis dagegen nur 0,075°. Stellt man aus Abb. 14 den durchschnittlichen Temperaturanstieg für 10 Stunden Sonnenscheindauer fest, so ergeben sich für Zürich 12,3°, für London 9,5°, für Valentia 5,6° und für den Säntis 4,2°.

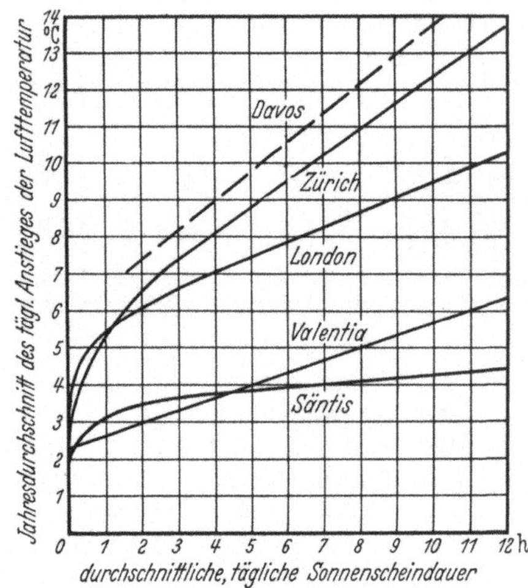

Abb. 14. Jahresdurchschnitt des täglichen Temperaturanstieges an verschiedenen Orten der Erdoberfläche in Abhängigkeit von der mittleren täglichen Sonnenscheindauer. (Für das Winterhalbjahr liegen die Werte tiefer, für das Sommerhalbjahr höher.)

Weiter führten die Untersuchungen zu der Feststellung, daß sich für das Sommerhalbjahr (April bis September) durchwegs höher, für das Winterhalbjahr (Oktober bis März) dagegen tiefer liegende, sonst aber ähnlich verlaufende Kurven wie für den Jahresdurchschnitt ergeben. In Zahlentafel 4 ist die Unterteilung der Ergebnisse vorgenommen. Am kleinsten sind die Unterschiede für Zürich und Valentia, recht beträchtlich dagegen für London und den Säntis. Bei beispielsweise 6,5 Stunden täglicher Sonnenscheindauer ergeben sich ungefähr die Werte der Zahlentafel 5. Das beweist, daß die Sonne im Sommer von stärkerem Einfluß auf das Ansteigen der Lufttemperatur ist als im Winter, was wohl auf die verschiedenen Einfallswinkel und atmosphärische Einflüsse zurückzuführen ist. Daß an Einzeltagen die Temperaturanstiege außerordentlich viel größer ausfallen können als wie sie sich nach Abb. 14 für den Durchschnitt ergeben, beweisen Zahlentafel 3 und die Abb. 10—13.

Zahlentafel 5.
Angenäherte durchschnittliche Temperaturanstiege bei 6,5 Stunden Sonnenscheindauer.

Ort	Temperaturanstieg im		
	Winterhalbjahr °C	Jahresdurchschnitt °C	Sommerhalbjahr °C
Zürich . . .	9,3	9,8	10,2
London . .	6,8	8,0	9,0
Valentia . .	4,0	4,5	4,9
Säntis . . .	3,3	4,0	5,4

Auch der sehr ungleiche Verlauf der Jahresdurchschnittskurven (Abb. 14) an verschiedenen Orten der Erdoberfläche ist wohl durch atmosphärische Einflüsse wie Trübung der Luftschicht durch Rauch, Staub und Wasserdampf bzw. Dunst oder Nebel, stärkere oder schwächere Luftbewegung usw. begründet. Außerdem spielt die Gestaltung der Bodenoberfläche eine große Rolle, indem z. B. in Gebirgstälern die Strahlung sich ganz anders auswirkt als auf Berggipfeln usw.

Ich will nicht behaupten, daß die in Abb. 14 wiedergegebenen Kurven unbedingt genau seien. Sie werden wahrscheinlich noch kleine Berichtigungen erfahren, wenn die Untersuchungen des Ansteigens der Lufttemperatur in Abhängigkeit von der Sonnenscheindauer von den Meteorologen einmal planmäßig und über längere Zeit durchgeführt werden, was ohne Zweifel geschehen wird, da die Kenntnis dieser Verhältnisse nicht nur in technischer, sondern ebensosehr in meteorologischer und strahlungsklimatologischer Hinsicht von Wichtigkeit ist. Die vorläufigen Ergebnisse genügen indessen vollkommen, um erkennen zu lassen, wie groß die Unterschiede an verschiedenen Orten der Erdoberfläche ausfallen.

Zahlentafel 6. Langjährige Jahresergebnisse der durchschnittlichen täglichen Tiefst- und Höchsttemperaturen, Sonnenscheindauern, relativen Feuchtigkeitsgehalte und Windgeschwindigkeiten.

| Ort | Durchschnittlicher täglicher Temperatur- | | | Durchschnittliche tägliche Sonnenscheindauer | Durchschnittlicher relativer Feuchtigkeitsgehalt | Durchschnittliche tägliche Windgeschwindigkeit |
	Tiefstwert ° C	Höchstwert ° C	Unterschied ° C	Stunden	%	m/s
Zürich (1901—1930). .	5,87	12,65	6,78	4,66 (1911—1925)	77 (1891—1900)	2,5 (1891—1900)
London (1871—1915) .	7,40	12,63	5,23	3,96	79	3,40
Valentia (1871—1915) .	9,33	12,06	2,73	3,96	84	5,42
Säntis (1901—1930) . .	—3,16	—1,07	2,09	4,77 (1888—1905)	80 (1883—1900)	7,4 (1886—1900)

In Zahlentafel 6 habe ich auf Grund der vorstehend genannten Unterlagen außerdem noch die langjährigen Mittelwerte der durchschnittlichen täglichen Tiefst- und Höchsttemperaturen sowie die durchschnittlichen täglichen Sonnenscheindauern, ferner die mittleren relativen Feuchtigkeiten und Windgeschwindigkeiten für die vier Orte zusammengestellt. Trägt man die betreffenden Temperaturunterschiede in Abhängigkeit von der Sonnenscheindauer in Abb. 14 ein, so kommen die Punkte um 0,8 bis 1,8° unter die eingezeichneten Geraden zu liegen. Die langjährigen Durchschnittswerte können für die Bestimmung des durchschnittlichen täglichen Temperaturanstieges in Abhängigkeit von der Sonnenscheindauer daher nicht verwendet werden, ebensowenig wie die Monatsmittel. Trotzdem gestatten sie, wie auch die übrigen Angaben der Zahlentafel 6, vergleichende Schlüsse zu ziehen. Der hohe relative Feuchtigkeitsgehalt Valentias in Verbindung mit dem geringen Temperaturunterschied lassen z. B. sofort auf ein feuchtes, nur geringe Schwankungen im Feuchtigkeitsgehalt aufweisendes Klima schließen, während Zürich zufolge des großen mittleren Temperaturunterschiedes große Schwankungen im Feuchtigkeitsgehalt aufweisen muß, was tatsächlich auch der Fall ist (vgl. Abb. 52). Beachtenswert sind ferner die die Heizungsfachleute ebenfalls berührenden großen durchschnittlichen Windgeschwindigkeiten in Valentia und auf dem Säntis im Gegensatz zu denjenigen in London und gar in Zürich.

Wertvoll in bezug auf den Temperaturanstieg in Abhängigkeit von der Sonnenscheindauer ist auch Zahlentafel 7, die mir von Dr. Moerikofer, Davos, zur Verfügung gestellt worden ist. Nach seiner Mitteilung ist sie folgendermaßen entstanden: Zuerst wurden alle Tage der Jahre 1929, 1933 und 1934, an denen die Tiefsttemperaturen zwischen 4,0 und 8,0° (also nicht allzu tief unter der Heizgrenze) lagen, herausgezogen und dafür die Tiefst- und die Höchsttemperaturen sowie die Sonnenscheindauern in Stunden und Vonhundertteilen der höchstmöglichen Sonnenscheindauer ermittelt. Um zu prüfen, ob die Tiefstwerte für den Betrag des Ansteigens der Temperatur von Bedeutung sind, wurde der Stoff nach den Stufen der Tiefsttemperaturen von 4,0 bis 5,9 und 6,0 bis 8,0° unterteilt. Außerdem erfolgte eine Einteilung nach Sonnenscheindauern von weniger als 4,0, von 4,0 bis 7,9 und von mehr als 8,0 Stunden. Und schließlich wurden auch die Übergangs- und die Sommermonate voneinander getrennt, um zu sehen, ob ein gesetzmäßiger Einfluß zu erkennen sei.

Zahlentafel 7. Tiefst- und Höchstwerte der Außentemperatur in Davos an sämtlichen Tagen in den Übergangs- und Sommermonaten der Jahre 1929, 1933 und 1934 mit Temperaturtiefstwerten zwischen 4,0 und 8,0° (mitgeteilt vom Observatorium Davos).

Gruppenbildung			Zahl der einbezogenen Tage	Außentemperatur			Sonnenscheindauer	
Temperaturtiefstwerte zwischen °C	Sonnenscheindauer zwischen Stunden	Jahreszeit [1]		Tiefstwerte °C	Höchstwerte °C	Unterschiede °C	Stdn.[2]	%[3]
4,0 und 5,9	0 und 3,9	Übergang	19	5,1	12,4	**7,3**	**1,6**	15
,,	,,	Sommer	18	4,7	12,0	**7,3**	**1,5**	11
,,	4 und 7,9	Übergang	22	4,8	15,8	**11,0**	**6,2**	61
,,	,,	Sommer	11	5,4	15,2	**9,8**	**6,1**	51
,,	$\geq 8,0$	Übergang	13	4,8	18,1	**13,3**	**9,6**	90
,,	,,	Sommer	26	4,9	19,3	**14,4**	**10,6**	94
6,0 und 8,0	0 und 3,9	Übergang	10	6,4	13,9	**7,5**	**1,8**	18
,,	,,	Sommer	32	7,2	14,0	**6,8**	**1,7**	15
,,	4 und 7,9	Übergang	21	6,8	16,1	**9,3**	**6,3**	62
,,	,,	Sommer	15	7,0	18,0	**11,0**	**6,1**	50
,,	$\geq 8,0$	Übergang	7	6,7	19,4	**12,7**	**8,7**	94
,,	,,	Sommer	38	7,0	20,5	**13,5**	**10,6**	90

[1] Übergangsmonate: Mai, September und Oktober. Sommermonate: Juni, Juli und August.
[2] Durchschnittliche tägliche Sonnenscheindauer in Stunden.
[3] Durchschnittliche tägliche Sonnenscheindauer in $^0/_0$ der höchstmöglichen.

Die sich aus Zahlentafel 7 ergebende Durchschnittslinie habe ich in Abb. 14 gestrichelt eingetragen. Da sie sich auf die Übergangs- und Sommermonate allein bezieht, ist sie mit den anderen Kurven nicht unmittelbar vergleichbar. Zeichnet man jedoch für Zürich die Sommerkurve ebenfalls auf, so ergibt sich, daß diejenige für Davos auch dann noch höher verläuft.

Daß die Temperaturanstiege für gleiche Sonnenscheindauern an Höhenorten größer sind als in der Tiefe, beruht wohl darauf, daß infolge der reinen Luft die Sonneneinwirkung einerseits und die Wärmeabstrahlung, besonders an klaren Winternächten, anderseits größer ist. Dazu kommt, daß in hochgelegene Täler im Winter über Nacht in besonderem Maße kalte Luft einströmt, was zur Folge hat, daß es an den Talböden oft erheblich kälter ist als höher oben an den Talhängen (Beispiel: St. Moritz Bad und St. Moritz Dorf im Engadin). Diese Einwirkungen machen sich im allgemeinen um so stärker bemerkbar, je höher der Talboden über Meer, je tiefer er aber anderseits in einer Mulde, d.h. unter den umliegenden Bergkämmen gelegen ist. Bevers im Engadin und besonders Buffalora am Ofenpaß sind sprechende Beispiele dafür, wie außerordentlich groß die täglichen Temperaturunterschiede an solchen Orten ausfallen können.

Auf den Berggipfeln liegen die Verhältnisse dagegen ganz anders, indem sich daselbst die kalte Nachtluft nicht sammelt. Auch die Strahlungsverhältnisse sind andere, indem die Berggipfel, geometrisch gesprochen, Punkte darstellen, die keine derartigen Flächen wie die Talböden aufweisen, und daher von den Sonnenstrahlen auch lange nicht in dem Maß erwärmt werden wie die letzteren. Zudem herrscht auf den Berggipfeln größere Luftbewegung, auch dürfte die bei der häufig auftretenden Nebelbildung frei werdende Kondensationswärme eine ausgleichende Rolle spielen. Ferner ist bekannt, daß über Mittag, zufolge aufsteigender Feuchtigkeit (vgl. Abschnitt IX 2) auf Berggipfeln häufig Bewölkung eintritt, wodurch die Mittagstemperaturen weniger hoch ansteigen, als dies bei klarem Himmel der Fall wäre. Die in den Abb. 9, 13 u. 14 zum Ausdruck kommenden geringen Temperaturschwankungen auf dem Säntis sind daher durchaus verständlich.

Dasselbe zeigt sich übrigens auch an Hand der Kurven der mittleren Monatstemperaturen. Vergleicht man beispielsweise Rigikulm, d. h. eine ausgesprochene Gipfellage, mit Sils-Maria im Engadin, einer typischen alpinen Talstation, deren Beobachtungsstellen beide ungefähr auf 1800 m ü. M. liegen, so ergibt sich nach dem „Klima der Schweiz"[1], daß die Kurve für Rigikulm nur zwischen —4,5 und 9,9°, diejenige von Sils-Maria dagegen zwischen —8,1 und 11,2° schwankt.

6. Der durchschnittliche tägliche Temperaturverlauf an verschieden hoch gelegenen Orten der Schweiz.

Während für Zürich und den Säntis genaue Angaben über den durchschnittlichen täglichen Temperaturverlauf in den einzelnen Monaten vorliegen (Abb. 2 und 9), ist das für Orte in schweizerischen Hochgebirgstälern leider nicht der Fall, so daß man diesbezüglich auf die Durch-

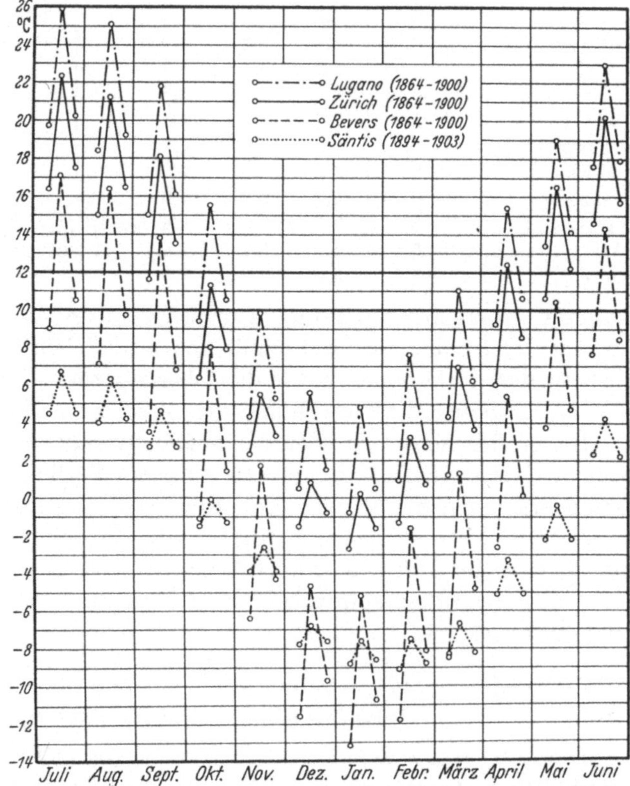

Abb. 15. Vergleich der durchschnittlichen Lufttemperaturen um 7 Uhr, 13 Uhr und 21 Uhr in den verschiedenen Monaten in Lugano, Zürich, Bevers (Engadin) und auf dem Säntis. (Nach „Das Klima der Schweiz".)

[1] Maurer, J., Billwiller, R. jr. und Heß, C.: Das Klima der Schweiz. I. Bd. 1909, II. Bd. 1910. Frauenfeld: Kommissionsverlag von Huber & Co.

schnitte der täglich vorgenommenen Ablesungen sowie der an Hand der Minima-
und Maximathermometer ebenfalls täglich festgestellten Tiefst- und Höchstwerte
angewiesen ist.

In Abb. 15 habe ich an Hand des Werkes „Das Klima der Schweiz“ vergleichsweise die sich auf die Jahre 1864 bis 1900 (Säntis 1894 bis 1903) beziehenden
Mittel der Ablesungen für 7, 13 und 21 Uhr aufgetragen. Daraus geht das
oben Gesagte noch besonders deutlich hervor, indem die Schwankungen für
Bevers erheblich größer als für Zürich, diejenigen für den Säntis dagegen auffallend klein sind. Ferner zeigt die Darstellung, daß die Unterschiede in den
Wintermonaten auch in Lugano bedeutend größer als in Zürich sind, was in
erster Linie auf die längere Sonnenscheindauer infolge geringerer Bewölkung zurückzuführen ist. In Zahlentafel 8 und Abb. 16 sind die sich zwischen 7 und 13 Uhr

Zahlentafel 8.

**Durchschnittlicher Temperaturanstieg
(1864—1900) zwischen 7 und 13 Uhr. (Nach
„Das Klima der Schweiz“.)**

Monat	Lugano °C	Zürich °C	Bevers °C	Säntis °C
Juli	6,2	5,9	8,1	2,2
August	6,7	6,2	9,3	2,3
September . . .	6,8	6,5	10,3	1,9
Oktober	6,1	4,9	9,1	1,4
November . . .	5,5	3,2	8,1	1,3
Dezember . . .	5,1	2,3	6,9	1,0
Januar	5,6	2,9	8,0	1,2
Februar	6,7	4,5	10,2	1,6
März	6,7	5,7	9,8	1,6
April	6,2	6,4	8,0	1,8
Mai	5,6	5,9	6,7	1,8
Juni.	5,4	5,6	6,7	1,9

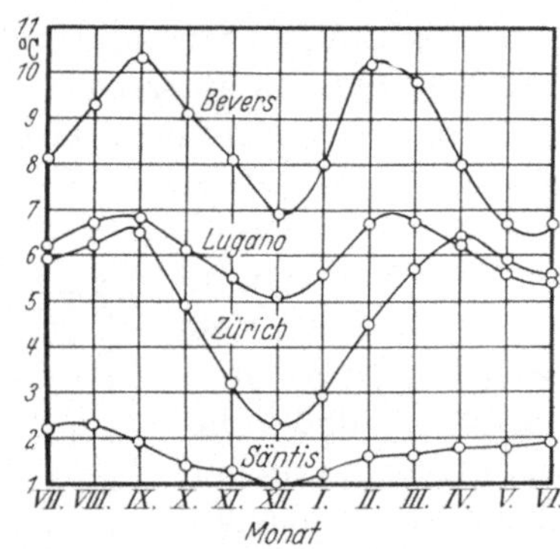

Abb. 16. Durchschnittlicher täglicher Anstieg
der Lufttemperatur von 7 Uhr bis 13 Uhr (1864
bis 1900, Säntis 1894—1903) in den einzelnen
Monaten in Lugano, Zürich, Bevers und auf dem
Säntis.

aus Abb. 15 ergebenden Temperaturunterschiede zusammengestellt, wobei jedoch
zu beachten ist, daß die durchschnittlichen täglichen Tiefst- und Höchstwerte,
insbesondere im Sommer und in den Übergangsmonaten, weiter auseinanderliegen,
wie dies in bezug auf Zürich und den Säntis aus Zahlentafel 2 hervorgeht.

Die großen Schwankungen der mittleren Tagestemperaturen in Lugano und
Bevers weisen darauf hin, daß im sonnigen Tessin und in hochgelegenen Tälern
besondere Vorsicht bei der Erstellung von Speicherheizungen am Platz ist,
namentlich wenn es sich um neuzeitliche Häuser mit großen Fenstern handelt.
An diesen Orten gibt es eine noch viel größere Zahl von Tagen als z. B. in Zürich,
an denen die Außentemperatur die Heizgrenze von 10 oder 12° erheblich unter-
und überschreitet.

7. Die mittleren Jahrestemperaturen, sowie die Durchschnittstemperaturen der Nichtheiz- und der Heizmonate.

Die mittlere Jahrestemperatur eines Ortes bleibt, bezogen auf längere Zeitabschnitte, außerordentlich gleich und auch in bezug auf die einzelnen Jahre weist
sie erheblich kleinere Schwankungen als z. B. die Monatstemperaturen auf. Im
folgenden werden die mittleren Jahrestemperaturen daher wiederholt als Bezugs-
basis verwendet (vgl. die Abb. 19, 20, 29—32, 35 u. 37).

Die im Jahr 1936 vom V. S. C. I. herausgegebenen „Gradtagtabellen für die Schweiz" enthalten eine Menge Zahlentafeln, die ich, um Wiederholungen zu vermeiden und das vorliegende Buch nicht unnötig zu belasten, hier zur Hauptsache nicht mehr wiedergebe. So sind dort in Zahlentafel 7 z. B. die mittleren Jahrestemperaturen für alle schweizerischen Orte, an denen sich meteorologische Beobachtungsstellen befinden, angegeben. Handelt es sich jedoch um Orte ohne Beobachter, die in der Zusammenstellung daher fehlen, so kann die näherungsweise Bestimmung der mittleren Jahrestemperaturen auch nach der unter Abschnitt II 3d erläuterten Formel

$$t = t_0 \mp \alpha \cdot h \,°\mathrm{C}$$

erfolgen.

In bezug auf die Raumheizung und die Raumkühlung ist es außerdem vielfach erwünscht, die Durchschnittstemperaturen der Außenluft einerseits für die Heizzeit und anderseits für die Nichtheizmonate zu kennen. Auch bietet es wissenschaftliches Interesse festzustellen, wie sich die Temperaturverhältnisse im Laufe der Jahrzehnte verändern. Die nachfolgenden Ausführungen geben hierüber für Zürich und die Zeit von 1864 bis 1937 Aufschluß.

Zahlentafel 9.

Höchst-, Tiefst- und Mittelwerte der durchschnittlichen Temperaturen in Zürich vom Mai 1864 bis und mit April 1937 (Mittelwerte 1864 bis 1930).

	Nichtheizmonate						Heizmonate								
	Mai	Juni	Juli	Aug.	Sept.	Durchschnitt	Okt.	Nov.	Dez.	Jan.	Febr.	März	Apr.	Durchschnitt	Jahresdurchschnitt
Höchste mittlere Monatstemperaturen °C	18,7	19,9	21,1	20,9	17,3		11,5	7,2	6,0	4,2	5,5	7,3	12,9		
Tiefste mittlere Monatstemperaturen °C	8,8	12,4	14,8	14,2	9,1		4,5	0,1	-8,7	-5,9	-6,7	-0,5	5,1		
Mittelwerte (1864-1930) °C	13,0	16,3	18,1	17,2	14,0	**15,7**	8,6	3,7	0,2	-0,9	0,8	4,2	8,6	**3,6**	**8,6**

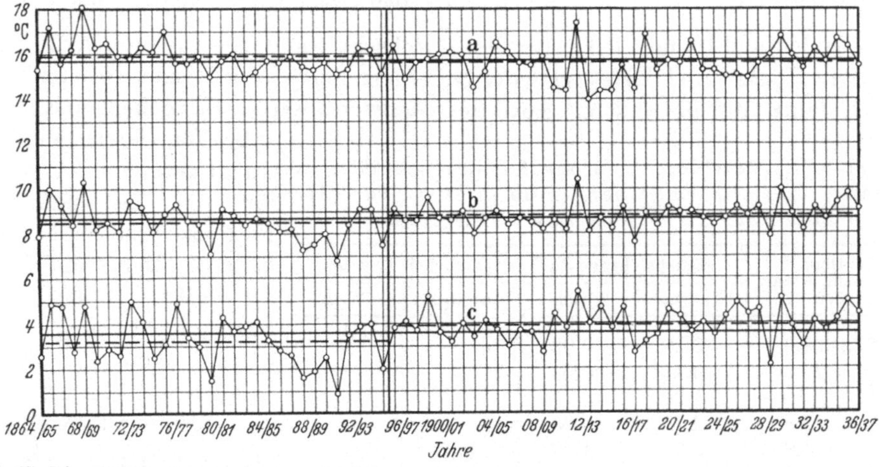

Abb. 17. Die mittleren Temperaturen in Zürich von 1864 bis 1937. Kurve *a*: Nichtheizmonate Mai bis und mit September. Kurve *b*: ganze Jahre vom 1. Mai bis und mit 30. April des darauffolgenden Jahres. Kurve *c*: Heizmonate Oktober bis und mit April. Die ausgezogenen Querlinien beziehen sich auf die Mitteltemperaturen 1864/1937, die gestrichelten auf die Mittelwerte 1864/1895 und 1895/1937. Seit 1895 sind die Mitteltemperaturen der Heizmonate also um 0,7° gestiegen, diejenigen der Nichtheizmonate um 0,3° gesunken, d. h. die Winter sind wärmer, die Sommer kühler geworden.

Zur Abklärung dieser Verhältnisse wurden zuerst die mittleren Monatstemperaturen der einzelnen Jahre für die Monate Mai bis und mit September, in denen
nicht oder doch nur selten geheizt wird und, getrennt davon, diejenigen für die
Heizmonate Oktober bis und mit April an Hand der Angaben der S.M.Z. herausgezogen. Es würde zu weit führen, diese Aufstellungen hier wiederzugeben, dagegen sind in Zahlentafel 9 wenigstens die festgestellten Höchst-, Tiefst- und
Mittelwerte angegeben. Und weiter habe ich in Abb. 17 die für die einzelnen
Jahre festgestellten Mittelwerte der Nichtheizmonate (Kurve a), der Heizmonate
(Kurve c) und der ganzen Jahre (Kurve b) aufgetragen. Wie ersichtlich, schwanken
die Werte der Kurve a zwischen 14,0 und 18,1°, diejenigen der Kurve c zwischen
0,9 und 5,4° und die Jahresmittel zwischen 6,8 und 10,4°, während die entsprechenden Mittelwerte 15,7, 3,6 und 8,7° sind.

Zahlentafel 10. Temperaturmittel der Nichtheizmonate V bis IX, der
Heizmonate X bis IV und der ganzen Jahre V bis IV in Zürich in den
Zeitabschnitten 1864 bis 1895, 1895 bis 1937, und 1864 bis 1937.

| | Zeitabschnitt | | | | | | | | |
| | 1864 bis 1895 | | | 1895 bis 1937 | | | 1864 bis 1937 | | |
	Nichtheizmonate V bis IX	Heizmonate X bis IV	Jahr V bis IV	Nichtheizmonate V bis IX	Heizmonate X bis IV	Jahr V bis IV	Nichtheizmonate V bis IX	Heizmonate X bis IV	Jahr V bis IV
Höchste Durchschnittstemperatur in den einzelnen Jahren . . .°C	18,1	5,0	10,3	17,4	5,4	10,4	18,1	5,4	10,4
Tiefste Durchschnittstemperatur in den einzelnen Jahren . . .°C	14,9	0,9	6,8	14,0	2,7	7,6	14,0	0,9	6,8
Durchschnittstemperaturen im ganzen Zeitabschnitt(1864 bis 1937)°C	15,9	3,2	8,5	15,6	3,9	8,8	**15,7**	**3,6**	**8,7**

In Zahlentafel 10 habe ich außer den Durchschnittstemperaturen auch die festgestellten Höchst- und Tiefstwerte der Nichtheizmonate, der Heizmonate und der
ganzen Jahre (Mai bis und mit April des nächsten Jahres) angegeben, und zwar
außer für die ganze in Betracht gezogene Zeit auch
für die Zeitabschnitte
1864 bis 1895 und 1895
bis 1937. Der Grund hierfür ergibt sich aus dem
nächsten Abschnitt.

Zahlentafel 11. Mittlere Temperaturhäufigkeiten in
Lugano, Zürich, Engelberg und Bevers für die
Zeit vom 1. Juli 1869 bis 30. Juni 1929.

| Mittlere Tagestemperatur zwischen °C | Entsprechende Zahl der jährlichen Tage in | | | |
	Lugano	Zürich	Engelberg	Bevers
28 bis 28,9	0,10	0,03		
27 ,, 27,9	0,48	0,03		
26 ,, 26,9	1,20	0,13		
25 ,, 25,9	3,18	0,75		
24 ,, 24,9	**6,03**	**1,47**	**0,02**	
23 ,, 23,9	9,07	2,50	0,05	
22 ,, 22,9	13,25	4,69	0,24	
21 ,, 21,9	15,97	6,90	0,48	
20 ,, 20,9	16,25	8,20	1,08	

Aus Abb. 17 lassen
sich gewisse Schlüsse auf
die Temperaturverhältnisse der einzelnen Jahre
von 1864 bis 1937 ziehen.
Beispielsweise ergibt sich,
daß die Mitteltemperatur

der Sommermonate 1936 in Zürich um 0,2° unter, diejenige des darauffolgenden Winters um 0,8° über und die Mitteltemperatur des ganzen Jahres um 0,4° über dem Durchschnitt liegt. Das beweist, daß dieses Jahr hinsichtlich der Temperaturen keineswegs zu den außergewöhnlichen gehört hat. Für die Nichtheizmonate haben sich vielmehr schon Untertemperaturen bis zu 1,7° und Übertemperaturen bis zu 2,4°, für die Heizmonate Untertemperaturen bis zu 2,7 und Übertemperaturen bis zu 1,8° und für die ganzen Jahre Untertemperaturen bis zu 1,9° und Übertemperaturen bis zu 1,7° ergeben. Für den Brennstoffverbrauch der Heizungen können aus diesen Temperaturen jedoch noch keine einwandfreien Schlüsse gezogen werden, weil es dabei außer auf die Kälte auch auf die Dauer der Winter, d. h. auf die sog. „Gradtage" (s. hinten) ankommt.

8. Die Temperaturhäufigkeiten.

In der Praxis ist bisweilen die Frage zu beantworten, an wieviel Tagen im Jahr die mittleren Tagestemperaturen, im Durchschnitt oder in bestimmten Jahren, unter oder über gegebenen Grenzen liegt. Dabei kann es sich z. B. um die Zahl der Tage handeln, deren mittlere Temperaturen den Gefrierpunkt, d. h. 0° unterschreiten, oder um die Zahl der

Zahlentafel 11. (Fortsetzung.)

Mittlere Tagestemperatur zwischen °C	Entsprechende Zahl der jährlichen Tage in			
	Lugano	Zürich	Engelberg	Bevers
19 bis 19,9	16,70	10,97	2,67	0,05
18 „ 18,9	14,80	14,27	4,78	0,37
17 „ 17,9	14,10	14,05	7,75	1,00
16 „ 16,9	14,20	15,33	10,48	2,45
15 „ 15,9	13,55	15,42	13,42	4,58
14 „ 14,9	12,80	15,52	15,54	8,10
13 „ 13,9	11,88	15,57	16,07	11,80
12 „ 12,9	13,85	14,63	17,28	13,78
11 „ 11,9	12,83	13,52	17,05	16,26
10 „ 10,9	13,68	13,57	15,55	16,77
9 „ 9,9	14,40	13,65	15,65	15,45
8 „ 8,9	14,25	14,45	14,25	15,28
7 „ 7,9	13,50	13,83	14,52	14,53
6 „ 6,9	15,17	15,68	14,48	13,66
5 „ 5,9	13,45	14,97	14,58	13,58
4 „ 4,9	14,90	14,70	15,20	12,33
3 „ 3,9	16,97	15,67	15,45	12,90
2 „ 2,9	17,84	16,42	16,45	13,06
1 „ 1,9	15,70	15,13	17,33	14,70
0 „ 0,9	11,02	12,40	16,78	14,10
—1 „ —0,1	6,67	10,63	14,25	13,46
—2 „ —1,1	3,89	8,62	14,00	13,53
—3 „ —2,1	2,09	7,87	11,83	12,28
—4 „ —3,1	0,77	5,82	10,23	13,05
—5 „ —4,1	0,35	4,72	8,59	12,07
—6 „ —5,1	0,19	3,75	6,48	10,81
—7 „ —6,1	0,10	2,76	5,29	10,88
—8 „ —7,1	0,05	2,12	4,20	10,01
—9 „ —8,1	0,03	1,67	3,37	8,98
—10 „ —9,1		0,95	2,83	8,95
—11 „ —10,1		0,62	2,00	7,15
—12 „ —11,1		0,55	1,52	6,78
—13 „ —12,1		0,30	1,08	5,38
—14 „ —13,1		0,20	0,75	4,28
—15 „ —14,1		0,15	0,60	3,32
—16 „ —15,1		0,03	0,43	2,75
—17 „ —16,1		0,02	0,25	1,82
—18 „ —17,1		0,03	0,14	1,33
—19 „ —18,1		—	0,10	1,22
—20 „ —19,1		0,02	0,05	1,05
—21 „ —20,1			0,03	0,62
—22 „ —21,1			0,07	0,25
—23 „ —22,1			0,02	0,23
—24 „ —23,1				0,20
—25 „ —24,1				0,03
—26 „ —25,1				0,03
—27 „ —26,1				0,02
—28 „ —27,1				0,03

Zahlentafel 12. Anzahl der jährlichen Tage mit unter, bzw. über bestimmten Grenzen liegenden mittleren Tagestemperaturen.

Bezogen auf eine mittlere Tagestemperatur von °C	Mittlere Zahl der jährlichen Tage in							
	Lugano		Zürich		Engelberg		Bevers	
	mit							
	tieferen	höheren	tieferen	höheren	tieferen	höheren	tieferen	höheren
	mittleren Tagestemperatur							
29	365,26[1]		365,28[1]					
28	365,16	0,10	365.25	0,03				
27	364,68	0,58	365,22	0,06				
26	363,48	1,78	365,09	0,19				
25	**360,30**	**4,96**	**364,34**	**0,94**	**365,26[1]**			
24	354,27	10,99	362,87	2,41	365,24	0,02		
23	345,20	20,06	360,37	4,91	365,19	0,07		
22	331,95	33,31	355,68	9,60	364,95	0,31		
21	315,98	49,28	348,78	16,50	364,47	0,79		
20	**299,73**	**65,53**	**340,58**	**24,70**	**363,39**	**1,87**	**365,26[1]**	
19	283,03	82,23	329,61	35,67	360,72	4,54	365,21	0,05
18	268,23	97,03	315,34	49,94	355,94	9,32	364,84	0,42
17	254,13	111,13	301,29	63,99	348,19	17,07	363,84	1,42
16	239,93	125,33	285,96	79,32	337,71	27,55	361,39	3,87
15	**226,38**	**138,88**	**270,54**	**94,74**	**324,29**	**40,97**	**356,81**	**8,45**
14	213,58	151,68	255,02	110,26	308,75	56,51	348,71	16,55
13	201,70	163,56	239,45	125,83	292,68	72,58	336,91	28,35
12	187,85	177,41	224,82	140,46	275,40	89,86	323,13	42,13
11	175,02	190,24	211,30	153,98	258,35	106,91	306,87	58,39
10	**161,34**	**203,92**	**197,73**	**167,55**	**242,80**	**122,46**	**290,10**	**75,16**
9	146,94	218,32	184,08	181,20	227,15	138,11	274,65	90,61
8	132,69	232,57	169,63	195,65	212,90	152,36	259,37	105,89
7	119,19	246,07	155,80	209,48	198,38	166,88	244,84	120,42
6	104,02	261,24	140,12	225,16	183,90	181,36	231,18	134,08
5	**90,57**	**274,69**	**125,15**	**240,13**	**169,32**	**195,94**	**217,60**	**147,66**
4	75,67	289,59	110,45	254,83	154,12	211,14	205,27	159,99
3	58,70	306,56	94,78	270,50	138,67	226,59	192,37	172,89
2	40,86	324,40	78,36	286,92	122,22	243,04	179,31	185,95
1	25,16	340,10	63,23	302,05	104,89	260,37	164,61	200,65
0	**14,14**	**351,12**	**50,83**	**314,45**	**88,11**	**277,15**	**150,51**	**214,75**
—1	7,47	357,79	40,20	325,08	73,86	291,40	137,05	228,21
—2	3,58	361,68	31,58	333,70	59,86	305,40	123,52	241,74
—3	1,49	363,77	23,71	341,57	48,03	317,23	111,24	254,02
—4	0,72	364,54	17,89	347,39	37,80	327,46	98,19	267,07
—5	**0,37**	**364,89**	**13,17**	**352,11**	**29,21**	**336,05**	**86,12**	**279,14**
—6	0,18	365,08	9,42	355,86	22,73	342,53	75,31	289,95
—7	0,08	365,18	6,66	358,62	17,44	347,82	64,43	300,83
—8	0,03	365,23	4,54	360,74	13,24	352,02	54,42	310,84
—9		365,26[1]	2,87	362,41	9,87	355,39	45,44	319,82
—10			**1,92**	**363,36**	**7,04**	**358,22**	**36,49**	**328,77**
—11			1,30	363,98	5,04	360,22	29,34	335,92
—12			0,75	364,53	3,52	361,74	22,56	342,70
—13			0,45	364,83	2,44	362,82	17,18	348,08
—14			0,25	365,03	1,69	363,57	12,90	352,36
—15			**0,10**	**365,18**	**1,09**	**364,17**	**9,58**	**355,68**
—16			0,07	365,21	0,66	364,60	6,83	358,43
—17			0,05	365,23	0,41	364,85	5,01	360,25
—18			0,02	365,26	0,27	364,99	3,68	361,58

Zahlentafel 12. (Fortsetzung.)

Bezogen auf eine mittlere Tagestemperatur von °C	Mittlere Zahl der jährlichen Tage in							
	Lugano		Zürich		Engelberg		Bevers	
	mit							
	tieferen	höheren	tieferen	höheren	tieferen	höheren	tieferen	höheren
	mittleren Tagestemperaturen							
—19			0,02	365,26	0,17	365,09	2,46	362,80
—20				365,28[1]	0,12	365,14	1,41	363,85
—21					0,09	365,17	0,79	364,47
—22					0,02	365,24	0,54	364,72
—23						365,26[1]	0,31	364,95
—24							0,11	365,15
—25							0,08	365,18
—26							0,05	365,21
—27							0,03	365,23
—28								365,26[1]

[1] Über 365 Tage infolge der Schaltjahre.

Heiztage, deren mittlere Tagestemperaturen unter den Heizgrenzen von z.B. 10 oder 12° liegen, oder im Hinblick auf zu erstellende Klimaanlagen um die Zahl der Tage, deren Temperaturmittel 20° übersteigen usw.

Da in dieser Beziehung für die Schweiz noch sehr wenig Material vorlag, habe ich die Temperaturhäufigkeiten an Hand der Monatstabellen der S.M.Z. für Lugano, Zürich, Engelberg und Bevers für die Jahre 1869 bis 1929, d.h. für 60 Jahre, herausziehen lassen. Das geschah derart, daß in besonderen Zahlentafeln, von denen jede ein Jahr umfaßte, die beispielsweise zwischen —1 und —0,1°, 0 und 0,9°, 1 und 1,9° usw. liegenden Tage monatsweise vermerkt wurden, und zwar stets vom 1. Juli eines Jahres bis zum 30. Juni des darauffolgenden. Dadurch ergaben sich gleichzeitig die Temperaturhäufigkeiten für die einzelnen Winter. Die Jahresergebnisse sind in den Schweiz. Bl. f. Hzg. und Lftg. vom Juli 1936, S. 53 und vom April 1937, S. 22—24 veröffentlicht und die daraus errechneten Durchschnittswerte in den Zahlentafeln 11 und 12, sowie in Abb. 18 wiedergegeben.

Beispiel. Will man wissen wieviel Tage im Durchschnitt Zürich mit unter 0° und Lugano mit über +20° liegenden mittleren Tagestemperaturen aufweist, so ist aus Zahlentafel 12 zu entnehmen, daß auf Zürich rd. 51 und auf Lugano rd. 66 solcher Tage entfallen. Dasselbe ergibt sich, wenn man in Abb. 18 von 0° waagerecht bis zu der Kurve für Zürich und dann lotrecht nach unten, bzw. von +20° waagerecht bis zu der Kurve für Lugano und dann vertikal nach oben geht.

Mit den Resultaten für die vier Orte allein ist der Praxis aber noch nicht gedient. Anderseits verursacht die Bestimmung der Temperaturhäufigkeiten über so viele Jahre eine außerordentlich große Arbeit und ist zudem nur für Orte mit meteorologischen Beobachtungsstellen, die über vollständige und zuverlässige Aufschreibungen verfügen, durchführbar. Ich suchte daher nach einem geeigneten Weg, um die betreffenden Zahlen annäherungsweise allgemein angeben zu können. Die Möglichkeit dazu fand sich, indem die Anzahl der jährlichen Tage mit unter bestimmten Grenzen liegenden Mitteltemperaturen für die vier genannten Orte in Abhängigkeit von den mittleren Jahrestemperaturen aufgetragen und durch diese

Punkte Kurven gelegt wurden (Abb. 19). Für Gipfel- und Paßlagen würden sich andere Kurven ergeben, die in Ermangelung entsprechender Temperaturhäufigkeitsbestimmungen vorläufig jedoch nicht aufgezeichnet werden konnten. Für die Heiztechnik sind sie aber auch nicht von großer Bedeutung, weil an diesen Orten nur selten Heizanlagen erstellt werden. Ferner ist zu beachten, daß die Kurven der Abb. 19 nur für die Schweiz und einen Teil Deutschlands Gültigkeit haben, während ihr Verlauf für Teilgebiete der Erdoberfläche mit erheblich anderen klimatischen Verhältnissen (ausgesprochenerem See- oder Binnenklima) ein anderer sein wird.

Die Benützung der Kurventafel Abb. 19 gestaltet sich sehr einfach. Man geht von dem der mittleren Jahrestemperatur des betreffenden Ortes entsprechenden Abszissenpunkt senkrecht nach oben bis zu der Kurve der in Frage kommenden Temperaturgrenze und findet dann links die Zahl der jährlichen Tage mit tieferen, rechts diejenige der Tage mit höheren Mitteltemperaturen. Die mittleren Jahrestemperaturen der Orte können aber, wie bereits angegeben, Zahlentafel 7 der „Gradtagtabellen" entnommen oder auf Grund eines Bezugsortes berechnet werden, sofern man nicht vorzieht, sie von der S. M. Z. direkt zu erfragen.

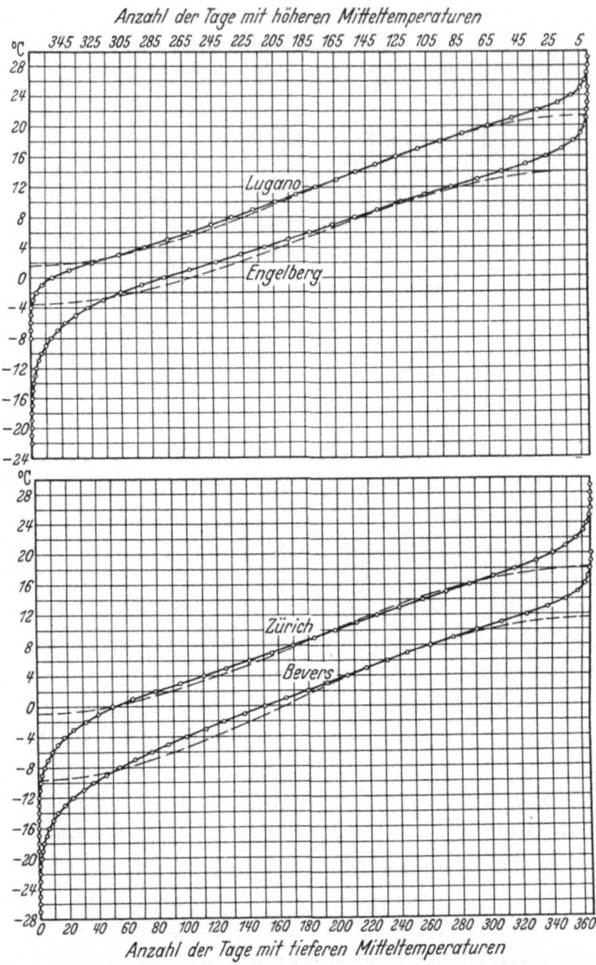

Abb. 18. Die durchschnittlichen Temperaturhäufigkeiten in Lugano, Zürich, Engelberg und Bevers für die Zeit von 1869 bis 1929. (Gestrichelt: Die auf Grund der Kurven der mittleren Monatstemperaturen (1864—1930) festgestellten Tageszahlen. Wie ersichtlich, stimmen sie nur in den Mittelteilen angenähert mit den nach den Temperaturhäufigkeiten festgestellten überein.)

auf Grund eines Bezugsortes berechnet werden, sofern man nicht vorzieht, sie von der S. M. Z. direkt zu erfragen.

Will man beispielsweise wissen, wieviel Tage im Durchschnitt etwa aufweisen: Linthal mit unter 10°, Davos-Platz mit unter 0° und Siders mit über 20° liegenden mittleren Tagestemperaturen, so stellt man aus Zahlentafel 7 der „Gradtagtabellen" zuerst fest, daß die mittleren Jahrestemperaturen betragen: Für Linthal 7,0°, für Davos-Platz 2,7° und für Siders 9,3°, worauf sich aus Abb. 19 ergibt, daß im Durchschnitt Linthal etwa 220 Tage mit unter 10°, Davos-Platz 124 Tage mit unter 0° und Siders 33 Tage mit über 20° liegenden mittleren Tagestemperaturen aufweist.

Selbstverständlich ist die Genauigkeit der so ermittelten Werte keine absolute, doch genügt sie den Anforderungen der Praxis in der Regel vollkommen. Ferner können, ihrer Bestimmung entsprechend, aus Abb. 19 nur die langjährigen

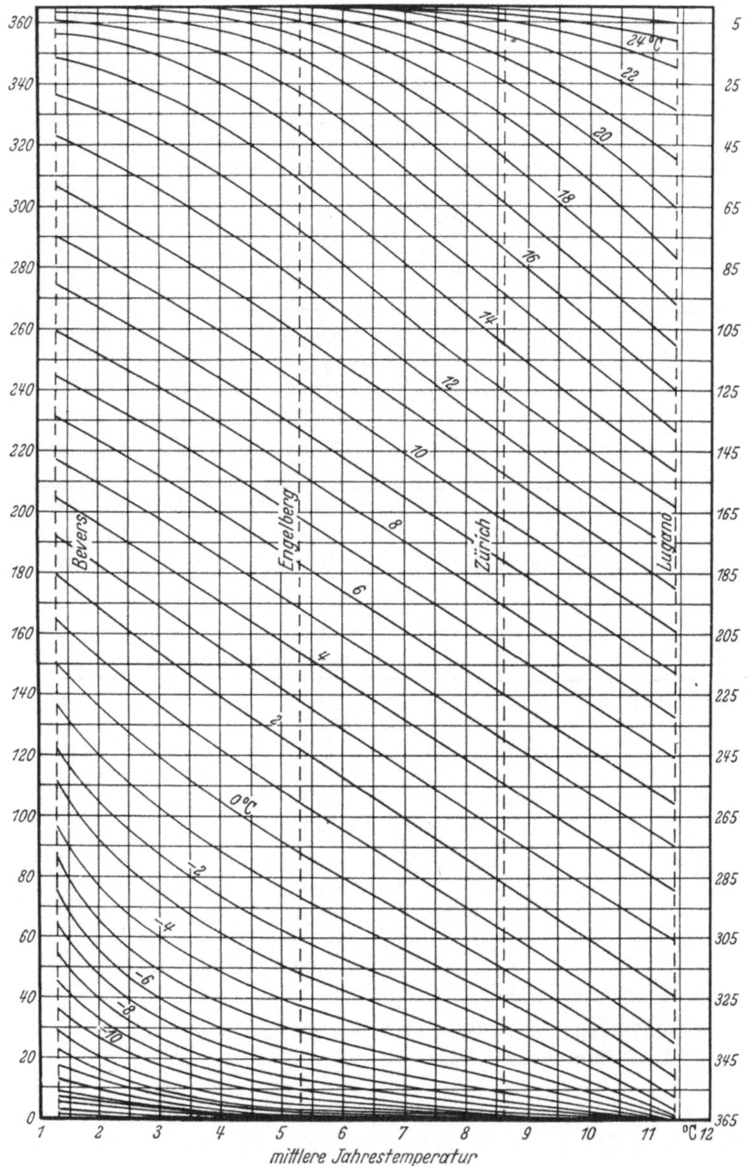

Abb. 19. Die durchschnittliche Zahl der jährlichen Tage, links mit tieferen, rechts mit höheren als den bei den Kurven angegebenen mittleren Tagestemperaturen für Orte mit Tal- und Hanglagen in der Schweiz.

Mittelwerte entnommen werden. Für Einzeljahre ergeben sich gewisse Abweichungen, selbst wenn von den mittleren Jahrestemperaturen der betreffenden Jahre ausgegangen wird.

Übersichtshalber habe ich in Zahlentafel 13 und Abb. 20 für die in die Untersuchung einbezogenen vier Orte und 60 Jahre auch die Tiefst- und Höchstwerte der jährlich festgestellten Tage mit unter 0, unter 10 und über 20° liegenden mittleren Tagestemperaturen angegeben und dieselben in Abb. 20 durch gestrichelte Kurven miteinander verbunden. Dadurch ist es möglich, für beliebige Orte auch die zu erwartenden Extreme festzustellen. Es ist allerdings anzu-

Zahlentafel 13.
Anzahl der jährlichen Tage mit unter 0°, unter +10° und über +20° liegenden mittleren Tagestemperaturen.

Ort	bezogen auf	Durchschnittswerte (1869—1929)	Höchstwerte	Tiefstwerte	Unterschied zwischen den Höchst- und den Tiefstwerten
Lugano	unter 0°	14	50 (1879/80)	0 [1]	50
	unter +10°	161	182 (1912/13)	132 (1898/99)	50
	über +20	65	91 (1928/29)	35 (1910/11)	56
Zürich	unter 0°	51	88 (1890/91)	20 (1911/12)	68
	unter +10°	198	218 (1912/13)	184 (1911/12 u. 1923/24)	34
	über +20°	25	61 (1911/12)	5 (1913/14)	56
Engelberg	unter 0°	88	119 (1890/91)	43 (1911/12)	76
	unter +10°	243	271 (1912/13)	212 (1921/22)	59
	über +20°	2	12 (1881/82)	— [2]	12
Bevers	unter 0°	151	181 (1905/06)	130 (1898/99)	51
	unter +10°	290	318 (1913/14 u. 1915/16)	266 (1921/22)	52
	über +20°	—	—	—	—

[1] (1872/73), (1876/77), (1901/02), (1920/21), (1924/25).
[2] In 18 von den 60 Jahren.

nehmen, daß diese Kurven bei einer größeren Punktzahl noch Änderungen erfahren werden. Da weitere Punkte aber fehlen, bleibt nichts anderes übrig, als sich vorläufig an die Kurven der Abb. 20 zu halten.

Dadurch ergibt sich, daß in Linthal die Zahl der Tage mit unter 10° liegenden mittleren Tagestemperaturen auf etwa 244 steigen und auf 197 fallen, in Davos-Platz die Zahl der Tage mit unter 0° liegenden mittleren Tagestemperaturen auf etwa 156 steigen und auf 78 sinken und in Siders die Zahl der Tage mit über 20° liegenden mittleren Tagestemperaturen auf etwa 70 steigen und auf 11 sinken kann.

Auch diese Zahlen liefern, obschon sie, wie gesagt, keinen Anspruch darauf machen, mit Sicherheit die äußerst möglichen Werte darzustellen, manch willkommenen Anhaltspunkt bei der Beurteilung zahlreicher Fragen, wie etwa denjenigen, ob die klimatischen Verhältnisse eines Ortes der Erstellung von Raumkühlanlagen für den Sommer günstig sind, ob sich ein Ort in thermischer Beziehung als Winterkurort eignet oder nicht, wie groß die Schwankungen der Zahl der Heiztage ausfallen können usw.

Beispiele. Wenn man aus Abb. 20 oder Zahlentafel 13 entnimmt, daß in Zürich die Zahl der Tage mit über 20° liegenden mittleren Tagestemperaturen im Durchschnitt 25, im Höchstfall 61 beträgt, aber auch Jahre vorkommen, in denen sie bis auf 5 sinkt, so ist klar, daß Raumkühlanlagen in Zürich nur beschränkte Aussicht auf Absatz haben. In Lugano liegen die Verhältnisse günstiger, indem hier im Durchschnitt 65 solcher Tage vorkommen und die Tiefstzahl in den betrachteten 60 Jahren nicht unter 35 gesunken, die Höchstzahl sogar auf 91 gestiegen ist.

Weiter ergibt sich, daß in Engelberg die Zahl der Tage mit unter 0° liegenden mittleren Tagestemperaturen im Mittel 88, im Höchstfall 119, im Tiefstfall dagegen nur 43 beträgt. In thermischer Beziehung eignet sich daher z. B. das Engadin zur Führung von Wintersportplätzen besser, weist doch z. B. Bevers im Mittel 151, im Höchstfall 181 und selbst im Tiefstfall noch 130 solcher Tage auf.

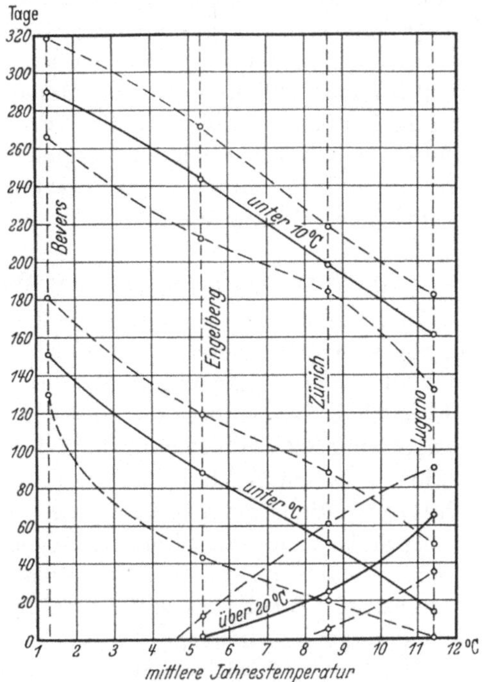

Abb. 20. Mittel-, Tiefst- und Höchstwerte der jährlichen Tage mit unter 10°, unter 0° und über 20° liegenden mittleren Tagestemperaturen.

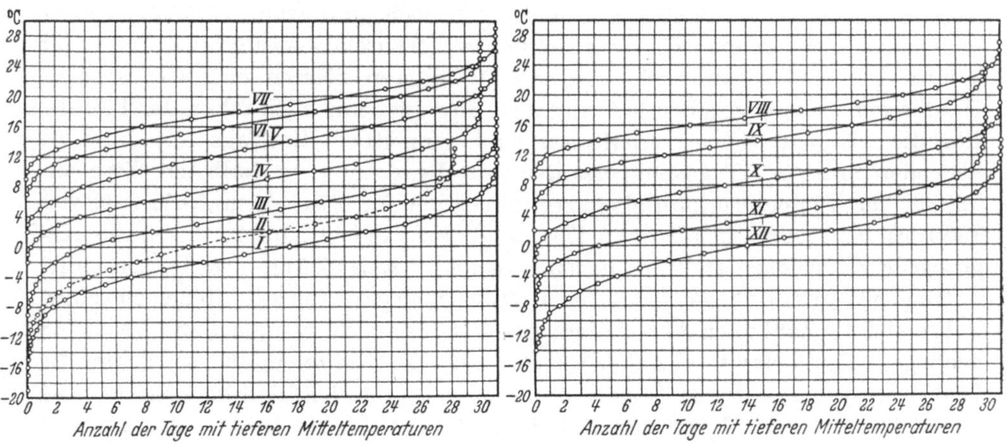

Abb. 21. Die durchschnittlichen monatlichen Temperaturhäufigkeiten (1869—1929) in Zürich.

Ferner ist Abb. 20 und Zahlentafel 13 zu entnehmen, daß für 10° Heizgrenze die durchschnittliche Zahl der jährlichen Heiztage in Lugano 161, in Zürich 198, in Engelberg 243 und in Bevers 290 beträgt, während die betreffenden Zahlen in den längsten Heizzeiten auf 182, 218, 271 und 318 steigen, in den kürzesten auf 132, 184, 212 und 266 sinken können.

Außer für die Jahre ist es bisweilen erwünscht, die durchschnittlichen Temperaturhäufigkeiten auch für die einzelnen Monate zu kennen. Die Bestimmung derselben erfolgt in genau gleicher Weise wie diejenige der Jahre. In Abb. 21 sind sie beispielsweise für Zürich angegeben. Will man also etwa wissen wie sich die vorstehend ermittelten 51 jährlichen Tage mit unter 0° liegenden mittleren Tagestemperaturen auf die einzelnen Monate verteilen, so lehrt Abb. 21, daß davon durchschnittlich entfallen auf den November 4, Dezember 14, Januar 18, Februar 11 und März 4 Tage. Durch den Vergleich der monatlichen Temperaturhäufigkeiten einzelner Jahre mit den Mittelwerten treten die Temperaturverhältnisse der betreffenden Winter besonders klar zutage.

9. Vom Wärmerwerden der Winter in den letzten Jahrzehnten.

Im Schrifttum ist schon wiederholt darauf hingewiesen worden, daß die Winter in gewissen Teilgebieten der Erdoberfläche in den letzten Jahrzehnten wärmer geworden sind. Daß dies z. B. für Zürich zutrifft, geht aus Abb. 17 hervor, indem die mittlere Temperatur der Heizmonate (Oktober bis und mit April) von 1864 bis 1895 nur 3,2°, von 1895 bis 1937 dagegen 3,9° beträgt (gestrichelt eingetragen), während der Durchschnitt für die ganze Zeit 3,6° ist. Das Jahr 1895 habe ich als Grenze für die Gegenüberstellung gewählt, weil sich der Umschwung von diesem Jahre an besonders auffallend vollzogen hat. Weiter geht aus Abb. 17 hervor, daß auch das Jahresmittel etwas gestiegen ist, aber nur von 8,5 auf 8,8°, während der Durchschnitt für die ganze Zeit 8,7° beträgt. Die Zunahme des Jahresmittels ist also geringer als diejenige des Wintermittels, was daher kommt, weil die Nichtheizmonate gleichzeitig kühler geworden sind. Die Mitteltemperatur der Monate Mai bis und mit September ist von 15,9 auf 15,6° gesunken, das Mittel der Nichtheizmonate für die ganze Zeit beträgt 15,7° (s. auch Zahlentafel 10).

Für die Kälte der Winter sind die Eis- und Schneeverhältnisse besonders bezeichnend. Auch diese sind in Zürich im Laufe der letzten Jahrzehnte wesentlich andere geworden. Ältere Leute erinnern sich noch gut daran, wie man in ihrer Jugendzeit meist schon vor Weihnachten und während eines großen Teiles der Winter hat Schlittschuhlaufen und Schlittenfahren können und wie es große Haufen von Schnee gegeben hat, während dies jetzt nur noch selten der Fall ist. Für die Eis- und Schneeverhältnisse sind namentlich die Tage mit unter 0° liegenden mittleren Tagestemperaturen von Bedeutung, weshalb ich diese anläßlich der Temperaturhäufigkeitsbestimmungen für Zürich und die Zeit von 1869 bis 1929 herausziehen ließ. Die Ergebnisse sind in Abb. 22 durch die ausgezogene Kurve dargestellt. Wie schon bemerkt, weist Zürich im Durchschnitt 51 Tage mit unter 0° liegenden mittleren Tagestemperaturen auf. In den einzelnen Jahren ist die Zahl nach Abb. 22 jedoch schon bis auf 20 gesunken und bis auf 88 gestiegen. Setzt man wieder den Sommer 1895 als Grenze ein und betrachtet die 26 Winter vor und die 34 Winter nachher, so ergibt sich, daß im Zeitabschnitt 1869/70 bis 1894/95 65,4%, im Zeitabschnitt 1895/96 bis 1928/29 dagegen nur 26,5% der Jahre mehr als 51 Tage mit unter 0° liegenden mittleren Tagestemperaturen aufgewiesen haben.

Das Bild ist dadurch allerdings noch nicht vollständig, denn bezüglich der Kälte der Winter kommt es nicht nur auf die Zahl der Tage mit unter 0° liegenden mittleren Tagestemperaturen, sondern auch darauf an, wie viel die Temperaturen an den betreffenden Tagen unter 0° liegen, d.h. auf die auf 0° bezogenen „Gradtage". Ein Tag mit z.B. —10° mittlerer Tagestemperatur weist, bezogen auf 0°, 10, ein solcher mit —5° mittlerer Tagestemperatur 5 und ein solcher mit —2° mittlerer Tagestemperatur 2 Gradtage auf, so daß auf die 3 Tage zusammen also deren 17 entfallen. Auf diese Weise erhält man eine besonders anschauliche Vergleichsgrundlage zur Beurteilung der Kälte der Winter. In Abb. 22 sind die Gradtagpunkte durch die gestrichelte Kurve miteinander verbunden. Der Jahresdurchschnitt liegt bei 180 Gradtagen, der Mindestwert bei 46 und der Höchstwert bei 541 Gradtagen. Diese Untersuchungen haben auch ergeben, daß im Zeitabschnitt 1869/70 bis 1894/95 69,2%, im Zeitabschnitt 1895/96 bis 1928/29 23,5%

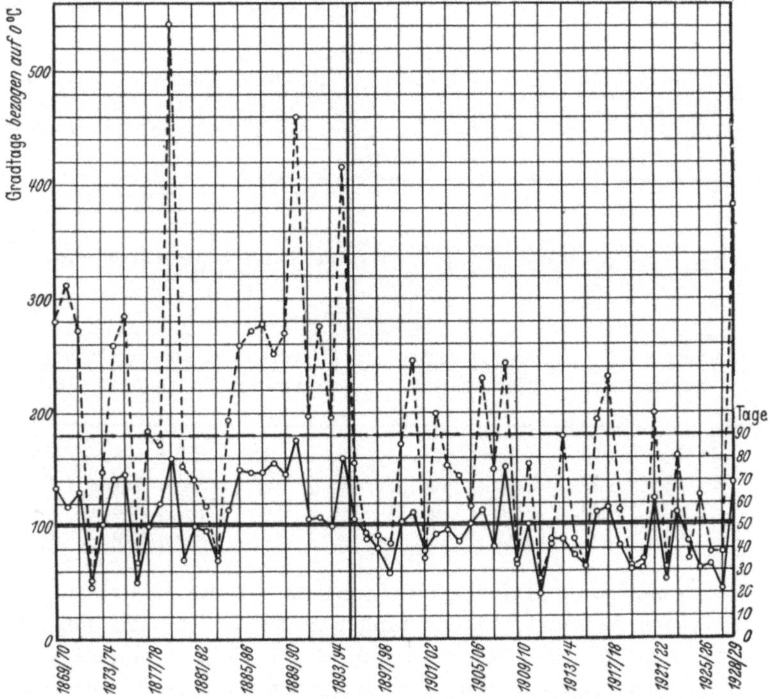

Abb. 22. Anzahl der Tage in Zürich mit Mitteltemperaturen unter 0° und die auf 0° bezogenen Gradtage in den Einzeljahren vom 1. Juli 1869 bis 30. Juni 1929.

der Jahre mehr als 180 auf 0° bezogene Gradtage aufgewiesen haben. Das Ergebnis weicht also nur wenig von dem vorhin festgestellten ab.

Durch hohe Gradtagzahlen zeichnen sich besonders die Winter 1879/80, 1890/91, 1894/95 und 1928/29 aus (541, 460, 416 und 382). Es sind dies die Winter, in denen der Zürichsee auch in seinem untern Teil so stark zufror, daß er bis nach Zürich hinunter begeh- und befahrbar war. Wie ersichtlich, fallen drei dieser kalten Winter auf die Zeit vor 1895/96 und nur einer auf die darauffolgenden Jahre. Aber auch sonst weist der erstgenannte Zeitabschnitt, wie aus den Zusammenstellungen hervorgeht, erheblich mehr kalte Jahre auf. Im Durchschnitt entfallen rd. 60 Tage mit unter 0° liegenden Mitteltemperaturen und 236 Gradtage auf diese 26 Jahre, während der 34 Jahre umfassende Zeitabschnitt von 1895/96 bis 1928/29 durchschnittlich nur rd. 44 Tage mit unter 0° liegenden mittleren Tagestemperaturen und 137 Gradtage aufweist. Die Vermutung, daß die Winter im Laufe der verflossenen Jahrzehnte im Durchschnitt milder geworden seien, ist also durchaus berechtigt, doch besteht natürlich die Möglichkeit, daß im Laufe der kommenden Jahrzehnte auch das Umgekehrte wieder eintritt.

Durch die sich auf Zürich beziehenden Untersuchungen ist jedoch noch nicht erwiesen, ob es sich nur um eine die Ostschweiz betreffende Erscheinung handelt, weshalb ich die Untersuchungen auch für Lugano in bezug auf den Tessin, für Engelberg in bezug auf die Zentralschweiz und für Bevers in bezug auf das Engadin habe durchführen lassen. Die Ergebnisse sind in Zahlentafel 14 mit denjenigen für Zürich in Vergleich gestellt. Daraus geht hervor, daß die Winter von den tiefsten Lagen der Schweiz bis zu dem auf rd. 1800 m ü. M. gelegenen Engadin

Zahlentafel 14.

Anzahl der Tage mit unter 0° liegenden mittleren Tagestemperaturen und der auf 0° bezogenen Gradtage in verschiedenen Zeitabschnitten, sowie Anzahl der Jahre in Hundertteilen, in denen der Durchschnitt überschritten wurde.

Ort	Tage					Gradtage				
	Durchschnittliche Zahl der Tage mit unter 0° liegenden mittleren Tagestemperaturen im Zeitabschnitt			Zahl der Jahre, in denen der 60jährige Durchschnitt überschritten wurde im Zeitabschnitt		Durchschnitt der auf 0° bezogenen Gradtage im Zeitabschnitt			Zahl der Jahre, in denen der 60jährige Durchschnitt überschritten wurde im Zeitabschnitt	
	1869/70 bis 1928/29	1869/70 bis 1894/95	1895/96 bis 1928/29	1869/70 bis 1894/95 %	1895/96 bis 1928/29 %	1869/70 bis 1928/29	1869/70 bis 1894/95	1895/96 bis 1928/29	1869/70 bis 1894/95 %	1895/96 bis 1928/29 %
Lugano . . .	14	18	11	58	32	21	27	16	46	21
Zürich . . .	51	60	44	65	26	180	235	137	69	23
Engelberg . .	88	90	87	61	50	378	430	338	77	29
Bevers . . .	151	151	150	46	35	1020	1065	985	61	35

milder geworden sind, daß es sich für die Schweiz also um eine allgemeine, nicht nur um eine örtlich begrenzte Erscheinung handelt. Allerdings sind die Unterschiede nicht einheitlich. Bei den vier in die Untersuchung einbezogenen Orten sind sie am kleinsten in dem 1710 m ü. M. gelegenen Bevers, woraus hervorgeht, daß in großen Höhen die Winter nicht in dem Maße milder geworden sind wie im Tiefland.

10. Die den Wärmebedarfsberechnungen zugrunde zu legenden Außentemperaturen t_a.

In der Heiztechnik darf natürlich nicht mit den milder gewordenen Wintern gerechnet werden. Die Heizungen sind vielmehr so zu bemessen, daß sie sich auch in den kältesten an den betreffenden Orten möglichen Wintern bewähren. Anderseits ergab sich aus den vorstehend erwähnten 60jährigen Temperaturhäufigkeitsbestimmungen einwandfrei, daß man bisher in der Annahme der tiefsten Außentemperaturen in der Schweiz zu weit gegangen ist. Für Zürich z. B. rechnete man mit —20°. Nun ist es allerdings möglich, daß diese Temperatur gelegentlich (besonders in klaren Nächten) nicht nur erreicht, sondern vorübergehend unterschritten wird. Diese Kältespitzen fallen für die Berechnung der Heizungen jedoch außer Betracht, einmal des Wärmespeichervermögens der Mauern wegen und außerdem weil die Wärmebedarfe sehr vorsichtig berechnet werden. Z. B. setzt man die Wärmeleitzahlen für feuchtes Mauerwerk ein und macht Zuschläge für Windanfall usw. Bei unter 0° liegenden Außentemperaturen fällt aber kein Regen, so daß die Mauern nicht von Schlagregen durchfeuchtet werden, sondern austrocknen. Auch kommen bei größter Kälte, bei uns wenigstens, nur selten große Windgeschwindigkeiten vor, so daß die angenommenen ungünstigen Witterungseinflüsse bei großer Kälte niemals alle zusammentreffen. Zudem besteht die Möglichkeit, die Heizungen während den Nächten stärker zu betreiben als sonst üblich.

Bei Zugrundelegung der tiefstmöglichen Außentemperaturen, oder auch nur der tiefsten mittleren Tagestemperaturen, würden die Heizungen daher allzu reichlich ausfallen, man kann ohne weiteres mit den abgerundeten mittleren Jahrestiefstwerten rechnen, wie das z. B. in Deutschland, entsprechend den Regeln DIN 4708, bereits seit längerer Zeit geschieht.

Für Orte, an denen keine meteorologischen Beobachtungsstellen bestehen, müssen diese Temperaturen angenommen werden. Zur Gewinnung von Anhaltspunkten habe ich für das Gebiet der Schweiz sämtliche erhältlichen mittleren Tiefsttemperaturen t_a in Abhängigkeit von den mittleren Jahrestemperaturen t der betreffenden Orte aufgetragen und dadurch die in Zahlentafel 15 angegebenen Grenzwerte erhalten. Wünscht man die für einen bestimmten Ort anzunehmende mittlere Tiefsttemperatur t_a danach zu wählen, so hat das natürlich unter bestmöglicher Berücksichtigung der örtlichen klimatischen Verhältnisse zu geschehen, wobei die Temperaturen t_a ähnlich gelegener, mit meteorologischen Beobachtungsstellen versehener Orte zum Vergleich heranzuziehen sind.

Zahlentafel 15.

Grenzwerte für die den Wärmebedarfsberechnungen in der Schweiz zugrunde zu legenden mittleren Tiefsttemperaturen t_a, bezogen auf die mittleren Jahrestemperaturen t der betreffenden Orte.

t	t_a	t	t_a	t	t_a
12	—4,5 bis —7,0	8	—9,5 bis —16,0	4	—15,0 bis —23,0
11	—5,5 „ —9,5	7	—11,0 „ —18,0	3	—16,0 „ —24,0
10	—7,0 „ —12,0	6	—12,0 „ —20,0	2	—17,0 „ —25,0
9	—8,0 „ —14,0	5	—13,5 „ —21,5	1	—18,5 „ —26,0

11. Einfluß der Außentemperatur auf Schwitzwasserbildungen.

Bekanntlich scheidet sich Feuchtigkeit aus der Luft aus wenn sie unter den Taupunkt abgekühlt wird. Eine solche Abkühlung der Innenluft von Gebäuden kann z. B. an kalten Mauern, besonders leicht in den Lufträumen von Hohlmauern, ferner infolge von Wärmebrücken, hinter Möbeln und in Ecken, wo die Luft ruht, an Fenstern, Oberlichtern usw. stattfinden, wodurch unangenehme Erscheinungen wie Durchfeuchtung von Mauerteilen, Schimmel-, Fäulnis- und Geruchbildungen, Rostungen von Eisenteilen usw. auftreten. Wasserausscheidung tritt um so leichter ein, je höher die Innenluft gesättigt ist und je größer die Temperaturunterschiede sind, besonders leicht natürlich an einfachen Fenstern. Das ließ sich auch an dem Versuchshäuschen (Abb. 24) (vgl. Abschnitt V 1) beobachten, indem an kühlen, regnerischen Tagen an der Innenseite der Fenster starke Wasserbildungen auftraten. Sogar am Ende der Heizzeit, als das Häuschen bestimmt gut ausgetrocknet war, beschlugen sich die Scheiben bisweilen noch derart stark mit Wasser, daß es an ihnen herunterfloß. Das ist um so auffallender, als in dem Häuschen kein Wasserdampf durch Atmen, Kochen, Baden, von außen hereingebrachte nasse Kleider usw. entstand, wie das in den Wohngebäuden der Fall ist.

Beispiel. Raumluft von 20° und 60% relativer Feuchtigkeit enthält rd. $17,3 \cdot 0,6 = 10,4 \, \text{g/m}^3$ Wasser. Der Taupunkt ist erreicht bei der Abkühlung auf rd. 12°, denn Luft von 12° und 100% relativer Feuchtigkeit enthält $10,6 \, \text{g/m}^3$ Wasser. Herrscht im Freien eine Temperatur von 0° und handelt es sich um einfache Scheiben, so nehmen sie eine Temperatur von rd. 10° an, es muß an ihnen also Wasserniederschlag eintreten.

Zur Vermeidung bzw. Milderung solcher Schwitzwasserbildungen und ihrer Folgen kommen in Betracht: doppelt verglaste Fenster, bzw. Winterfenster, gut gegen Wärmeabgabe geschützte Mauern und Dächer, Schutzheizungen, Wasserauffangvorrichtungen, rostsichere Anstriche, Gelegenheit zur Wiederaustrocknung feucht gewordener Wände, also genügende Lüftung, nötigenfalls unter Benützung von Lüftern oder Klimaanlagen (s. Abschnitt IX 4)[1].

II. Die Gradtage.

1. Allgemeines.

Der Begriff „Gradtage" wurde unter Abschnitt I 9 bereits kurz erläutert. Im folgenden werden die Gradtage jedoch nicht mehr wie daselbst auf 0°, sondern auf die Innentemperaturen der Gebäude bezogen. Für Krankenhäuser z. B. auf +20°, so daß Tage mit —10° mittlerer Außentemperatur 30 Gradtage, solche mit 0° mittlerer Außentemperatur 20 Gradtage aufweisen.

Zählt man die Gradtage für sämtliche Heiztage eines Winters zusammen, so ergibt sich dessen Gradtagzahl und damit ein Maß für den angemessenen Brennstoffbedarf der Heizungen in diesem Winter.

In Zahlentafel 16 sind beispielsweise die durchschnittlichen Gradtagzahlen für einige schweizerische Orte und Gebäude mit verschieden hohen Innentemperaturen angegeben. In den einzelnen Wintern können die Abweichungen davon allerdings erheblich sein. Für auf 18° beheizte Wohngebäude habe ich Unterschiede bis zu etwa ±15% festgestellt, während sie für auf +5° beheizte noch viel größer ausfallen können. Das kommt im Brennstoffbedarf niedrig erwärmter Gebäude, z.B. in dauernd auf nur etwa 8° beheizten Kirchen oder Groß-Kraftwagen-Einstellräumen, die nur auf etwa 5° zu temperieren sind, deutlich zum Ausdruck. Der Umstand ist ohne weiteres verständlich, wenn man bedenkt, daß vorübergehende große Kälte oder dauernd milde Winter die Gradtagzahlen, und damit die Brennstoffverbrauche, für wenig hoch erwärmte Gebäude im Gegensatz zu höher erwärmten sehr stark beeinflussen. Hierauf wird weiter hinten zurückzukommen sein.

---

[1] Vgl. auch Cammerer, J. S.: Konstruktive Grundlagen des Wärme- und Kälteschutzes im Wohn- und Industriebau. Berlin: Julius Springer 1936. Ferner Rybka, K. R.: Klimatechnik. München und Berlin: R. Oldenbourg 1937.

Zahlentafel 16. Die durchschnittlichen Heiz- und Gradtage einer Anzahl schweizerischer Orte bei verschiedenen Innentemperaturen und Heizgrenzen.

Ort	Höhe ü. M.	Mittlere Jahrestemperatur	Innentemperatur											
			20°		19°		18°		15°		12°		5°	
			Heizgrenze											
			12°		11°		10°		9°		8°		3°	
	m	°C	Heiztage	Gradtage	Heiztage	Gradtage	Heiztage	Gradtage	Heiztage	Gradtage	Heiztage	Gradtage	Heiztage	Gradtage
Altdorf	456	9,2	219	3350	205	3030	190	2710	176	2060	164	1490	91	370
Arosa	1835	2,9	365	6210	328	5570	290	4960	277	4020	259	3120	187	1330
Basel (Bernoullianum)	277	9,5	213	3290	202	3010	186	2680	176	2070	164	1510	88	380
Bellinzona	235	12,0	182	2620	171	2360	156	2080	144	1540	132	1060	45	130
Bern	572	7,9	233	3870	221	3550	207	3220	195	2540	182	1910	120	650
St. Bernhard	2476	—1,7	365	7920	365	7550	365	7190	365	6090	365	5000	258	2490
St. Bernhardin	2073	0,6	365	7080	365	6720	365	6350	348	5170	311	4010	244	1910
Bevers	1710	1,3	365	6850	323	6180	299	5670	278	4640	261	3770	199	1980
La Brévine	1077	4,5	300	5220	280	4750	261	4330	246	3470	230	2670	164	1100
Chaumont	1127	5,6	281	4730	263	4300	248	3930	235	3110	221	2350	148	840
Davos-Platz	1561	2,7	347	6190	306	5560	286	5080	266	4110	251	3270	185	1550
Engelberg	1018	5,2	281	4870	262	4440	251	4110	231	3230	219	2500	156	1010
St. Gallen	702	7,2	245	4080	231	3720	219	3400	205	2670	192	1990	129	670
Genf	405	9,5	212	3270	200	2970	189	2690	176	2050	162	1480	88	360
St. Gotthard	2096	—0,6	365	7520	365	7160	365	6790	365	5700	365	4600	243	2210
Klosters	1207	4,7	289	5050	271	4640	252	4230	239	3400	225	2630	161	1090
Locarno	239	11,8	183	2610	170	2330	159	2070	144	1490	132	1020	42	120
Lugano	275	11,4	189	2750	178	2490	165	2210	152	1640	139	1140	61	180
Neuchâtel	487	8,9	221	3530	209	3220	196	2910	183	2250	170	1660	101	480
Pilatus	2068	0,3	365	7190	365	6820	365	6460	365	5360	349	4210	234	1920
Rigikulm	1787	2,0	365	6570	365	6200	365	5840	315	4460	286	3430	207	1480
Säntis	2500	—2,6	365	8250	365	7880	365	7520	365	6420	365	5330	284	2740
Schaffhausen	437	8,0	234	3850	221	3520	208	3200	194	2500	180	1860	117	620
Sils-Maria	1811	1,5	365	6750	365	6390	303	5570	291	4600	274	3690	203	1810
Sitten	549	9,6	205	3280	193	2990	182	2710	170	2100	159	1550	96	460
Trogen	900	6,5	261	4330	248	3970	232	3600	219	2830	205	2130	138	720
Uto (bei Zürich)	873	6,2	265	4420	248	4040	233	3680	218	2880	206	2180	136	760
Zermatt	1610	3,0	342	6030	294	5320	285	4970	265	4010	248	3170	181	1460
Zürich	493	8,5	225	3590	212	3310	200	2970	187	2350	176	1700	105	490

Besonders beachtlich sind diese Verhältnisse natürlich in bezug auf die Wohngebäude. Zahlentafel 17 enthält z. B. sämtliche Gradtagzahlen, bezogen auf 18° Innentemperatur und 10° Heizgrenze für Zürich (493 m ü. M.) und Davos (1561 m ü. M.) für die Winter von 1910/11 bis und mit 1936/37. Außer-

Zahlentafel 17. Vergleich der jährlichen Gradtage für Gebäude mit 18° Innentemperatur und der Sommerpreise für Ruhr-Brechkoks 40/60 mm bei Bezügen zwischen 3000 und 10000 kg, sowie der Verhältniszahlen der Gradtage, Preise und jährlichen Brennstoffauslagen.

	Zürich					Davos-Platz				
			Verhältniszahlen der						Verhältniszahlen der		
Winter	Gradtage f. 18° Innentemp. u. 10° Heizgrenze	Preis für 100 kg Ruhr-Brechkoks 40/60 mm Fr.	Gradtage	Preise	jährlich. Brennstoffauslag.	Winter	Gradtage f. 18° Innentemp. u. 10° Heizgrenze	Preis für 100 kg Ruhr-Brechkoks 40/60 mm Fr.	Gradtage	Preise	jährlich. Brennstoffauslag.
---	---	---	---	---	---	---	---	---	---	---	---
1910/11	2910	5,60	1,13	0,89	1,00	1910/11	5350		1,11		
1911/12	2580	5,60	1,00	0,89	0,89	1911/12	4670		0,97		
1912/13	3120	5,45	1,21	0,87	1,04	1912/13	5540		1,15		
1913/14	2530	5,65	0,98	0,90	0,88	1913/14	5220		1,09		
1914/15	2940	5,40	1,14	0,86	0,98	1914/15	4850		1,01		
1915/16	2800	5,40	1,08	0,86	0,93	1915/16	5260		1,09		
1916/17	3250	8,—	1,26	1,27	1,60	1916/17	5110		1,06		
1917/18	3000	10,80	1,16	1,72	1,99	1917/18	4800		1,00		
1918/19	3050	31,05	1,18	4,93	5,83	1918/19	5220	32,—	1,09	3,48	3,79
1919/20	2720	23,80	1,05	3,78	3,98	1919/20	4830	23,—	1,01	2,50	2,51
1920/21	2730	30,80	1,06	4,89	5,17	1920/21	4930	30,20	1,02	3,28	3,37
1921/22	2880	16,—	1,12	2,54	2,84	1921/22	4350	16,—	0,91	1,74	1,58
1922/23	3000	12,30	1,16	1,95	2,26	1922/23	5270	16,—	1,10	1,74	1,91
1923/24	2900	15,35	1,12	2,44	2,75	1923/24	5050	19,—	1,06	2,06	2,17
1924/25	2770	12,50	1,07	1,98	2,14	1924/25	4960	14,50	1,04	1,58	1,63
1925/26	2610	9,60	1,01	1,52	1,54	1925/26	5170	11,50	1,08	1,25	1,35
1926/27	2710	9,—	1,05	1,43	1,50	1926/27	4670	10,80	0,97	1,18	1,14
1927/28	2840	9,20	1,10	1,46	1,61	1927/28	4820	11,50	1,00	1,25	1,26
1828/29	3270	9,20	1,27	1,46	1,85	1928/29	5110	11,50	1,07	1,25	1,34
1929/30	2520	9,20	0,98	1,46	1,43	1929/30	4380	11,50	0,91	1,25	1,14
1930/31	2820	9,—	1,09	1,43	1,56	1930/31	4770	11,50	0,99	1,25	1,24
1931/32	3310	8,70	1,28	1,38	1,77	1931/32	5480	11,20	1,14	1,22	1,38
1932/33	2750	7,40	1,06	1,17	1,25	1932/33	4860	10,—	1,02	1,09	1,10
1933/34	2780	7,10	1,08	1,13	1,21	1933/34	4730	9,80	0,99	1,06	1,05
1934/35	2890	6,60	1,12	1,05	1,18	1934/35	4920	9,20	1,02	1,00	1,02
1935/36	2580	6,30	1,00	1,00	1,00	1935/36	4800	9,20	1,00	1,00	1,00
1936/37	2850	6,40[1]	1,10	1,02	1,12	1936/37	4870	8,80[1]	1,01	0,95	0,97

[1] Sommerpreis 1936. Die Aufschläge zufolge der Frankenabwertung erfolgten vom Herbst 1936 an, kommen daher in obiger Aufstellung noch nicht zur Auswirkung.

dem habe ich daneben, so weit als möglich, die an den beiden Orten bezahlten Preise für je 100 kg Ruhr-Brechkoks 40/60 mm (bezogen auf die Sommer vor den betreffenden Wintern) und rechts davon die Verhältniszahlen der Gradtage, Preise, sowie der Produkte aus beiden vermerkt. Dabei wurden die Werte für den Winter 1935/36 = 1 gesetzt, weil in bezug auf Zürich dieser Winter seit etwa 20 Jahren sowohl die niedrigste Gradtagzahl, als auch den niedrigsten Kokspreis aufwies. Die Zahlen der Kolonne ganz rechts geben das eigentliche Bild vom Verhältnis der Brennstoffkosten für Heizung in den einzelnen Wintern an, weil zu dessen Ermittlung außer den Brennstoffpreisen auch die Kälte und die Dauer der Winter zu berücksichtigen sind und diese in den Gradtagen, also auch in den Produkten der Gradtage und Brennstoffpreise, zum Ausdruck kommen[2].

[2] Vgl. auch Hottinger, M.: Die Heizkosten in Zürich vor und nach der Frankenabwertung. Schweiz. Bl. f. Hzg. und Lftg. Bd. 4 (1937) S. 46/58.

Um die erforderlichen Brennstoffmengen in kg, bzw. die jährlichen Brennstoffkosten für bestimmte Gebäude angeben zu können, muß man nur noch wissen,
wieviel Brennstoff die betreffende Heizung im Mittel je Tag und 1° Temperatur

unterschied zwischen innen und außen, d. h. pro Gradtag, verbraucht. Das aber kann durch eine mehrwöchentliche, sorgfältig durchgeführte Probeheizung ermittelt, oder, wenn eine
solche nicht möglich ist, z. B. weil die Untersuchung im Sommer durchgeführt werden muß, näherungsweise auch durch Berechnung festgestellt werden (vgl. Abschnitt IV).

Beispiel. Durch eine dreiwöchentliche Probeheizung habe man festgestellt, daß ein Gebäude 10 kg Koks je Gradtag benötige. Die
durchschnittliche Gradtagzahl des

Abb. 23. Versuchshäuschen, Bauausführung 1935/36.

betreffenden Ortes sei 3000, dann verbraucht das Gebäude im Mittel 30 t Koks je Heizzeit. Weist ein besonders milder und nicht übermäßig langer Winter nur 2700 Gradtage auf,
so ist der angemessene Verbrauch 27 000 kg, d. h. 10% weniger als im Durchschnitt. Oft sind
milde Winter aber lang und ergeben daher keinen viel kleineren, u. U. sogar einen größeren

Brennstoffverbrauch als Durchschnitts- oder kalte aber kurze
Winter. All das kommt an Hand der Gradtage klar zum Ausdruck.

Dies ist nur ein Beispiel. Es lassen sich, wie aus dem folgenden hervorgehen wird, an Hand der Gradtage noch andere
Aufgaben lösen. Anderseits ist die Anwendung der Gradtagtheorie aber auch begrenzt. So geht es z. B. nicht an, den angemessenen Brennstoffbedarf für Einzeltage nach den Gradtagen bestimmen zu wollen, weil dabei gewisse Nebeneinflüsse,
wie Mehrbrennstoffverbrauch

Abb. 24. Versuchshäuschen, Bauausführung 1936/37.

durch Windanfall oder Wärmeabstrahlung in sternklaren Nächten, Minderverbrauch zufolge Sonneneinwirkung, Mehr- bzw. Minderverbrauch zufolge des
Kälte- bzw. Wärmespeichervermögens der Mauern und ihrer verschieden guten
Wärmeleitfähigkeit bei ungleicher Durchfeuchtung usw. viel zu stark zur Geltung
kommen. Diese Einwirkungen gleichen sich erst in längeren Zeitabschnitten genügend aus.

Zur Abklärung dieser Verhältnisse habe ich im Frühjahr 1935 das in Abb. 23
gezeigte Versuchshäuschen auf dem Dach des Physikgebäudes der E.T.H. in

Zürich aufstellen lassen[1]. Im Sommer 1936 wurde es durch Einsetzen großer Fenster nach Abb. 24 umgebaut um die Unterschiede derart verschiedener Bauweisen ermitteln zu können. Querschnitt und Grundriß der beiden Bauarten gehen aus Abb. 25 hervor. Die Ergebnisse dieser Versuche sind in den Schweiz. Bl. f. Hzg. u. Lftg. und auch als Sonderdrucke erschienen[2].

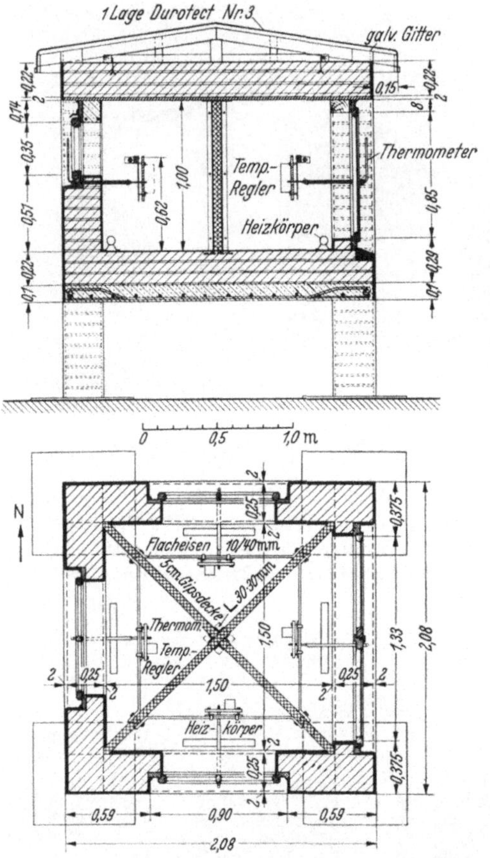

Abb. 25. Querschnitt und Grundriß des Versuchshäuschens: Ostseite, Ausführung 1936/37; übrige Seiten, Ausführung 1935/36.

2. Innentemperatur t, Heizgrenze t_z und Heiztage z.

Wenn es sich darum handelt, die Gradtage für ein bestimmtes Gebäude zu ermitteln, so müssen in erster Linie die in den hauptsächlichsten Räumen innezuhaltende Lufttemperatur und die Heizgrenze, von der an abwärts zu heizen ist, festgelegt werden. Beide richten sich nach der Art des Gebäudes und können etwa entsprechend Zahlentafel 18 angenommen werden.

Natürlich liegen die Heizgrenzen und damit auch die Heiz- und Gradtagzahlen nicht unbedingt fest. Sie hängen von der Bauart und dem Wärmespeichervermögen der in Frage kommenden Gebäude, vom Witterungscharakter im Herbst und Frühjahr, vom Wärmebedürfnis der Insassen, anderseits aber auch von deren Sparsinn und andern Umständen, z. B. von der Bewohnungsart der Häuser, ab. Es kommt darauf an, ob in den Gebäuden beträchtliche Wärmemengen frei werden, etwa indem sich viele Menschen darin aufhalten, viel gekocht, gewaschen und gebügelt wird. Dabei fällt auch in Betracht, ob die hierfür erforderliche Wärme durch feste Brennstoffe, mittels Gas oder auf elektrischem Wege erzeugt wird. Bei elektrischem Betrieb ist die den Räumen zugute kommende Abfallwärme am kleinsten. In Fabriken, in denen zufolge des Herstellungsvorganges viel Wärme frei wird, kann bekanntlich mit dem Heiz-

---

[1] Die Mittel dazu wurden vom Jubiläumsfond E. T. H. 1930, dem Verein Schweiz. Centralheizungsindustrieller und der Firma Dr. Krebs, Strebel-Kessel und -Radiatoren zur Verfügung gestellt.

[2] Durchführung und bisherige Ergebnisse der Züricher Gradtagversuche. Schweiz. Bl. f. Hzg. und Lftg. vom Januar, April, Oktober 1936 und Januar 1937. Ferner: Weitere Ergebnisse der Züricher Gradtagversuche im Winter 1936/37. Schweiz. Bl. f. Hzg. und Lftg. vom April und Juli 1938. Vgl. auch Gesundh.-Ing. Bd. 59 (1936) S. 590, und Bd. 60 (1937) S. 690.

Zahlentafel 18.

Anzunehmende Innentemperaturen t_i, Heizgrenzen t_z und mittlere Vollbetriebsstundenzahlen St_v für verschiedene Gebäudegruppen.

Gebäude-gruppe	beispielsweise umfassend	Innentemperatur t_i	Heizgrenze t_z	Mittlere Vollbetriebsstundenzahl St_v
a	Kranken-, Bade- und hocherwärmte Gewächshäuser (Warmhäuser)	20	12	15
b	Bürogebäude (Stadthäuser, kommunale Verwaltungen usw.)	19	11	15
c_1	Wohnungen mit Stockwerksheizungen bei Aufstellung der Kessel in den Wohnungen und sparsamstem Betrieb	18	10	11
c_2	Einfamilienhäuser bei ordentlicher Wartung	18	10	13
c_3	Mehrfamilienhäuser, Schulen, Hotels usw. bei ordentlicher Wartung	18	10	14
c_4	Große Miethäuser (Wohnblocks). Geschäftshäuser (Warenhäuser usw.) ⎱ wobei einer gewissen Wärmeverschwendung nicht	18	10	15
	⎰ wohl Einhalt geboten werden kann	18	10	15
c_5	Siedlungen mit Fernheizung	18	10	16
d	Museen, temperierte Gewächshäuser usw.	15	9	15
e	Montagehallen und andere Fabrikräume, in denen die Arbeiter körperliche Beschäftigung haben, Büchereigebäude (Bücheraufbewahrräume), dauernd beheizte Kirchen	12	8	10—15
f	Kraftwageneinstell- und Lagerräume, Gewächshäuser (Kalthäuser) sowie andere Räume, in denen Einfriergefahr ausgeschlossen werden muß	5	3	10—15

beginn im Herbst oft noch lange Zeit zugewartet werden, während in andern Gebäuden mit gleichen Innentemperaturen schon längst geheizt werden muß.

Außerdem spielt auch die Art des Verlaufes der Außentemperatur eine Rolle. Wenn sie im Herbst über lange Zeit bei trübem Wetter zwischen z. B. 12 und 16° schwankt, so muß man in den Wohnhäusern schon bei über 12° mittlerer Außentemperatur heizen. Und im Frühjahr geht es unter diesen Umständen oft lange, bis mit dem Heizen aufgehört werden kann. Umgekehrt kommt es aber auch vor, daß die Außentemperatur bis in den Spätherbst hinein zwischen 15 und 20° liegt und dann plötzlich stark fällt, wobei die Heizgrenze, infolge des Wärmespeichervermögens der Häuser, u. U. unter 10° zu liegen kommt, namentlich wenn tagsüber die Sonne scheint.

Weiter ist von entscheidendem Einfluß, ob die Häuser schattige, neblige und windreiche Lage besitzen oder gegen den Wind geschützt und der Sonne ausgesetzt sind.

Auch ist zu beachten, daß man bei Öl- und Gasfeuerung in der Regel mit erheblich weniger Heizstunden auskommt als bei Koksfeuerung, weil man die Kokskessel, um sie nicht immer wieder anfeuern zu müssen, oft auch an Tagen betreibt, an denen Heizung nicht erforderlich ist.

Ich habe die Frage der Ansetzung der Heizgrenzen für Zürich bestmöglich verfolgt, und zwar sowohl an bewohnten Gebäuden, als auch an dem erwähnten, auf dem Dach des Physikgebäudes der E. T. H. aufgestellten Versuchshäuschen.

Dabei zeigte sich, daß die in Zahlentafel 18 eingesetzten Heizgrenzen für Z ü r i c h und Orte mit ähnlichen Klimaverhältnissen als Durchschnittswerte durchaus richtig gewählt sind. Diese Untersuchungen sind in den bereits erwähnten Berichten über die Züricher Gradtagversuche eingehend dargelegt, so daß es sich erübrigt, hier im einzelnen darauf einzutreten.

Man kann sich fragen, ob es richtig ist, für Gebäude, die z. T. auf 20° beheizt, z. T. jedoch nur auf 15° oder noch weniger temperiert werden, als Innentemperatur 20° anzunehmen. Hierzu ist zu bemerken, daß man in solchen Fällen entweder 20° oder die Durchschnittstemperatur des ganzen Hauses einsetzen kann. Im ersten Fall ergeben sich größere Heiztag- und damit auch Gradtagzahlen, auf Grund der Kontrollheizungen oder der unter Abschnitt IV besprochenen Berechnung jedoch auch kleinere Brennstoffverbrauche je Gradtag. Die daraus zu ermittelnden Brennstoffmengen je Winter, d. h. die Produkte aus den Brennstoffmengen je Gradtag und den Gradtagen, sind in beiden Fällen natürlich dieselben.

Im Schrifttum werden für die in den Zahlentafeln 16 und 18 angegebenen Innentemperaturen bisweilen andere Heizgrenzen angesetzt. Die entsprechende Umrechnung der angegebenen Gradtagzahlen gestaltet sich jedoch sehr einfach, indem in Zahlentafel 16 auch die Heiztage vermerkt sind. Die obersten Teile der nach den mittleren Monatstemperaturen berechneten Gradtagflächen sind, wie Abb. 27 dies zeigt, Rechtecke, deren Breiten durch die Zahlen der Heiztage gegeben sind. Wünscht man bei gleichbleibender Heizgrenze die Innentemperatur somit um 1° höher oder tiefer anzusetzen, so vergrößern, bzw. vermindern sich die Gradtagzahlen einfach entsprechend den Heiztagzahlen.

Beispiel. Für Z ü r i c h ist die Gradtagzahl bei 12° Heizgrenze und 19° Innentemperatur nach Zahlentafel 16 = (3590—225) = 3365 und bei 10° Heizgrenze und 19° Innentemperatur = (2970+200) = 3170.

Aus diesen Betrachtungen ergibt sich auch die weitgehende Beantwortungsmöglichkeit der häufig gestellten Frage nach dem Brennstoffverbrauch bei verschieden langer und hoher Beheizung der Gebäude.

Zahlentafel 19.

Vergleich des Brennstoffbedarfes eines Wohnhauses in Zürich bei verschiedenen Innentemperaturen und Heizgrenzen.

Innentemperatur °C	Heizgrenze °C	Gradtage	Verhältniszahl
18	10	2970	1,00
19	10	3170	1,07
19	11	3310	1,11
19	12	3365	1,13
20	12	3590	1,21

Beispiel. Nach Zahlentafel 16 und den soeben bestimmten Gradtagzahlen ergibt sich z. B. das Verhältnis des durchschnittlichen Brennstoffbedarfes eines Wohnhauses in Zürich für Innentemperaturen von 18 bis 20° und Heizgrenzen von 10 bis 12° aus Zahlentafel 19.

Je nach den Ansprüchen kann der Brennstoffbedarf also bis zu 21% größer ausfallen als wenn bei 10° Heizgrenze mit dem Heizen begonnen wird und sich die Bewohner mit 18° Innentemperatur begnügen.

3. Die Bestimmung der durchschnittlichen Gradtage G_t.

a) Nach den mittleren Tagestemperaturen t_t der einzelnen Tage. Die genaueste Ermittlung der Gradtage geschieht derart, daß für jeden einzelnen Tag der Unterschied zwischen der in Frage kommenden Innentemperatur t_i und der mittleren Tagestemperatur t_t festgestellt wird. Diese Grade je Tag oder Gradtage werden für die einzelnen Monate, bzw. zur Erlangung der jährlichen Gradtagzahlen, für sämtliche in Betracht kommende Heiztage der betreffenden Heizzeit zusammengezählt. Als Heiztage kommen alle Tage in Betracht, deren mittlere Tagestemperaturen unterhalb der anzunehmenden Heizgrenze t_z liegen.

Nun gibt es allerdings auch Gebiete auf der Erdoberfläche[1], wo noch genauer vorgegangen werden muß, indem die Gradstunden bestimmt werden. Das ist erforderlich, wenn die Tagestemperaturen über längere Zeiten des Jahres so starken Schwankungen unterworfen sind, daß die mittleren Tagestemperaturen über die Heizgrenze t_z zu liegen kommen, die betreffenden Tage für die Bestimmung der Gradtage also außer Betracht fallen würden, während in Wirklichkeit die Temperaturen in den Nächten stark sinken so daß täglich während mehreren Stunden geheizt werden muß. Das kann zur Folge haben, daß sich auf Grund der Gradtage für viele Tage in den Übergangszeiten kein Heizwärmebedarf ergibt, während tatsächlich erhebliche Brennstoffmengen benötigt werden.

Zur Feststellung der Gradstunden in den einzelnen Monaten hat man die durchschnittlichen täglichen Temperaturverlaufskurven entsprechend den Abb. 2 bis 9 aufzutragen, was natürlich nur für Orte geschehen kann, für die der stündliche Gang der Lufttemperatur erhältlich ist. Für diejenigen Monate, in denen sämtliche Stundentemperaturen unter der Heizgrenze liegen, ergeben sich die Gradstunden durch einfache Vervielfachung des Temperaturunterschiedes zwischen Innentemperatur und mittlerer Monatstemperatur mit der Zahl der monatlichen Stunden, während für die Monate, in denen die Temperaturkurven z. T. über, z. T. unter der Heizgrenze verlaufen, die Temperaturunterschiede zwischen Innentemperatur und den unter der Heizgrenze liegenden Stundentemperaturen einzeln festzustellen und zusammenzuzählen sind. Durch Teilung der monatlichen Stunden und Gradstunden durch 24 können auch die monatlichen Heiz- und Gradtage festgestellt werden. Dieses Verfahren liefert recht zuverlässige Werte, doch stehen die zur Bestimmung der langjährigen Mittelwerte erforderlichen Durchschnittswerte der Stundentemperaturen nur für verhältnismäßig wenige Orte zur Verfügung und die diesbezüglichen Angaben sind zudem erst längere Zeit nach Ablauf der Winter erhältlich, während die Gradtage in der Praxis gewöhnlich sofort am Ende, in vielen Fällen sogar schon während des in Frage stehenden Winters, benötigt werden. Aus diesen Gründen wird man in Gegenden, wo es nicht unbedingt notwendig ist mit Gradstunden zu rechnen, in der Regel bei den Gradtagen bleiben.

Die Feststellung der Gradtage auf Grund der mittleren Tagestemperaturen t_t an Hand der Aufzeichnungen der meteorologischen Beobachtungsstellen ist natürlich recht mühsam und zeitraubend. Zudem ist für die Lösung der Aufgaben in der Heizpraxis eine so weitgehende Genauigkeit gewöhnlich nicht erforderlich, weshalb man sich meist mit einem der nachfolgend angegebenen Bestimmungsverfahren begnügt.

b) Nach den Temperaturhäufigkeiten. Dabei bestimmt man nicht mehr die Gradtage für die einzelnen Tage, sondern ermittelt die Temperaturhäufigkeiten, indem man, wie das in Abschnitt I 8 bereits gezeigt worden ist, die Anzahl der Tage mit z. B. zwischen 0 und 0,9, 1 und 1,9° usw. liegenden mittleren Tagestemperaturen herauszieht. Diese Zahlen werden dann zur Bestimmung der Grad-

---

[1] Vgl. z. B. Gesundh.-Ing. Bd. 59 (1936) S. 772.

tage mit den entsprechenden Temperaturunterschieden zwischen innen und außen vervielfacht und die betreffenden Beträge zusammengezählt.

Die so erhaltenen Ergebnisse sind nur wenig ungenauer als die nach dem Verfahren a) ermittelten, immerhin kommen gewisse Abweichungen vor, weil bei der Ausrechnung die mittleren Außentemperaturen für die Tage z. B. mit zwischen 0 und 0,9° liegenden Mitteltemperaturen zu 0,5° angenommen werden, während es sich in Wirklichkeit um jeden beliebigen Betrag zwischen 0 und 0,9° handeln kann.

Werden die Temperaturhäufigkeiten zeichnerisch aufgetragen, so entstehen Kurven, wie sie beispielsweise in Abb. 18 für Lugano, Zürich, Engelberg und Bevers für die langjährigen Durchschnitte (1869/1929) aufgezeichnet worden

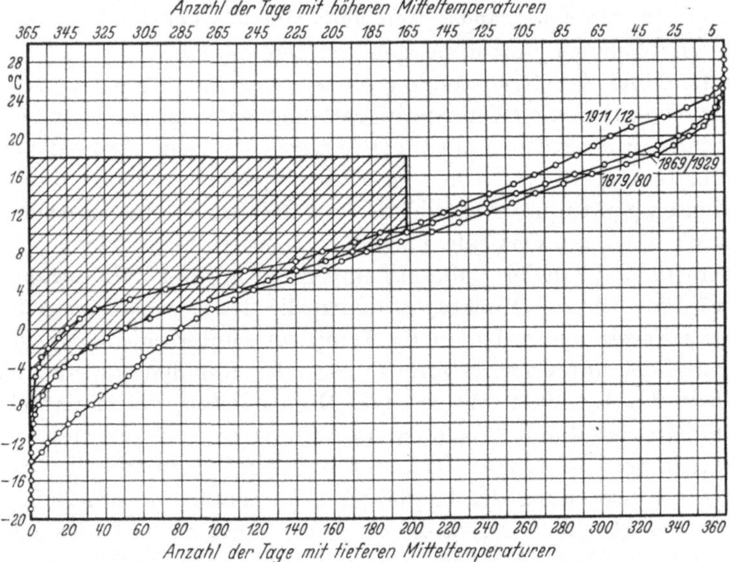

Abb. 26. Die Temperaturhäufigkeitskurven Zürichs für die Winter 1911/12 und 1879/80, sowie den langjährigen Durchschnitt (1869/1929). Durch Schraffung ist die Gradtagfläche, bezogen auf das Durchschnittsjahr, für 18° Innentemperatur und 10° Heizgrenze hervorgehoben.

sind. Natürlich ergeben sich ähnliche Kurven auch für die einzelnen Jahre. In Abb. 26 sind z. B. für Zürich, außer der nochmals wiedergegebenen Durchschnittskurve (1869/1929), auch die Temperaturhäufigkeitskurven für den besonders milden Winter 1911/12 sowie für den außergewöhnlich kalten 1879/80 (je vom 1. Juli bis und mit 30. Juni des darauffolgenden Jahres) aufgezeichnet. Ferner ist in Abb. 26 die Gradtagfläche, bezogen auf das Durchschnittsjahr für 18° Innentemperatur und 10° Heizgrenze, durch Schraffung hervorgehoben. Auch kann aus der Darstellung die Zahl der Heiztage abgelesen werden, indem man vom Schnittpunkt der Heizgrenze mit der Temperaturhäufigkeitskurve lotrecht nach unten geht.

Die Gradtagbestimmung nach den Temperaturhäufigkeiten setzt natürlich wieder voraus, daß die von den meteorologischen Beobachtungsstellen festgestellten mittleren Tagestemperaturen zur Verfügung stehen. Seine Durchführung gestaltet sich schon etwas einfacher als die Berechnung der Gradtage an

Hand der einzelnen Tage, ist aber doch immer noch recht mühsam und zeitraubend. In der Heizpraxis begnügt man sich daher meist mit der Bestimmung:

c) Nach den mittleren Monatstemperaturen t_m. Dabei werden, entsprechend Abb. 27, die mittleren Monatstemperaturen aufgetragen und Kurven hindurchgelegt. Ferner werden die Innentemperatur t_i und die Heizgrenze t_z eingetragen. Die Gradtagfläche wird dann begrenzt: Oben durch die Innentemperatur, seitlich durch die Grenzlinien der Heizzeit und unten durch die Kurve der mittleren Monatstemperaturen. Die Heizzeit, d. h. die Zahl der Heiztage, ergibt sich durch Abmessen der Strecke zwischen den Kreuzungspunkten der Heizgrenzen mit den Kurven der mittleren Monatstemperaturen. Und die Ausrechnung der Gradtage kann erfolgen, indem man die Flächen der Grenzmonate, d. h. die Flächen I und II in Abb. 27, als Trapeze und diejenigen der Monate, in denen voll geheizt werden muß: III, IV usw.,

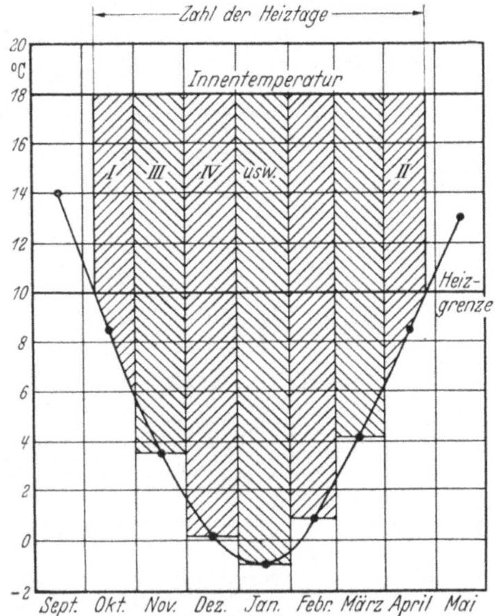

Abb. 27. Gradtagfläche für 18° Innentemperatur und 10° Heizgrenze, für Zürich unter Benützung der Kurven der mittleren Monatstemperaturen (1866—1925).

als Rechtecke behandelt. Auf diese Weise erhält man gleichzeitig angenähert die auf die einzelnen Monate entfallenden Gradtage, somit auch die entsprechende Verteilung des jährlichen Brennstoffverbrauches (vgl. Abschnitt II 8).

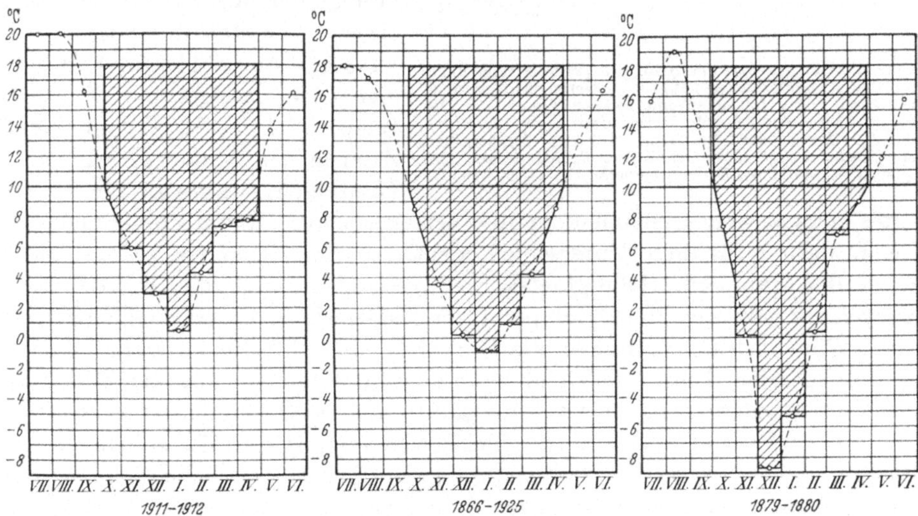

Abb. 28. Gradtagflächen für 18° Innentemperatur und 10° Heizgrenze für Zürich unter Benützung der Kurven der mittleren Monatstemperaturen für den besonders milden Winter 1911/12, den langjährigen Durchschnitt 1866/1925 und den besonders kalten Winter 1879/80.

In Abb. 28 sind die so ermittelten Gradtragflächen für Zürich, bezogen auf 18° Innentemperatur und 10° Heizgrenze, durch Schraffung hervorgehoben, und zwar betreffen die Darstellungen von links nach rechts den besonders milden Winter 1911/12, den langjährigen Durchschnitt (1866—1925) und den außerordentlich kalten Winter 1879/80.

Um festzustellen, wie groß die Abweichungen der nach den Verfahren b) und c) erzielten Ergebnisse voneinander sind, habe ich sowohl die durchschnittliche Zahl der Heiz-, als auch diejenige der Gradtage für Lugano, Zürich, Engelberg und Bevers auf beide Arten bestimmt. Die Resultate sind in Zahlentafel 20 und diejenigen in bezug auf die Gradtage außerdem in Abb. 29 wiedergegeben. Man erkennt, daß die Unterschiede im allgemeinen nicht groß sind, jedoch Ausnahmen bestehen, indem der Mehrbetrag an Heiztagen z. B. für das hochgelegene Bevers bei einer Heizgrenze von 12° 42 Tage und bei Engelberg bei einer Heizgrenze von 3° 14 Tage ausmacht. In bezug auf die Gradtage sind die nach dem Verfahren c) begangenen Fehler teilweise positiv, teilweise negativ, je nachdem die Mehrbeträge infolge von zuviel gerechneten Heiztagen, oder die Minderbeträge zufolge der unrichtigen Berücksichtigung der kältesten Tage, überwiegen. Aus Zahlentafel 20 ergibt sich z. B., bezogen auf 20° Innentemperatur und 12° Heizgrenze, für Zürich ein Minderbetrag von 80 Gradtagen, während für Bevers

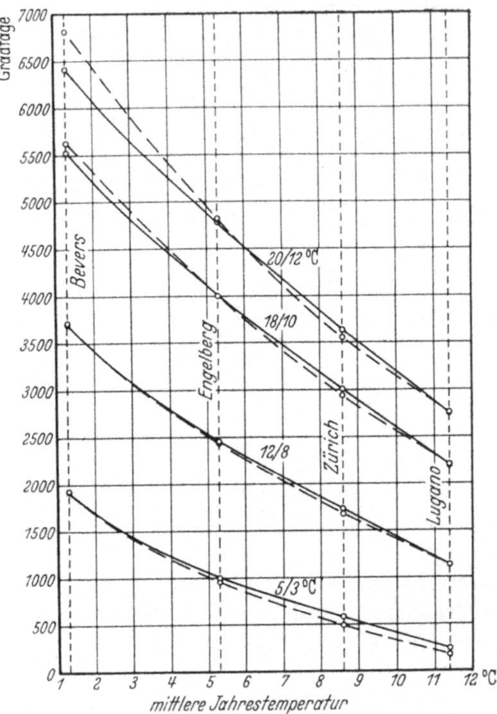

Abb. 29. Die Gradtagkurven für die Schweiz und einen Teil Deutschlands, bezogen auf die mittleren Jahrestemperaturen der Orte für Innentemperaturen von 20, 18, 12 und 5° und entsprechende Heizgrenzen von 12, 10, 8 und 3°. Ausgezogen: Bestimmt nach den Temperaturhäufigkeiten (1869—1929). Gestrichelt: Ermittelt nach den Kurven der mittleren Monatstemperaturen (1864—1930).

unter den gleichen Annahmen ein Mehrbetrag von 400 Gradtagen herauskommt. Die Erklärung für diese Unterschiede geht aus Abb. 18 hervor, indem daselbst außer den Temperaturhäufigkeitskurven gestrichelt auch die auf Grund der Kurven der mittleren Monatstemperaturen festgestellten Tageszahlen eingetragen sind. Wie ersichtlich, stimmen die Kurven in den Mittelteilen verhältnismäßig gut miteinander überein, während sie in den untersten und obersten Teilstücken stark auseinandergehen. Das kommt daher, weil die Heizgrenzen daselbst in die Nähe der Tiefst- und Höchstpunkte der Kurven der mittleren Monatstemperaturen rücken. Erreichen sie die Tiefstpunkte, so ergeben sich beim Abmessen der Strecken zwischen den Heizgrenzen 0, gelangen sie an die Höchstpunkte, so ergeben sich 365 Tage mit tieferen mittleren Tagestemperaturen, während in Wirklichkeit, entsprechend Abb. 18, noch eine Reihe von Tagen mit tieferen bzw. höheren Mitteltemperaturen vorkommen. Das hat zur Folge, daß in den Grenzgebieten die Bestimmungen der Heiz- und Gradtage an Hand der Kurven der

Zahlentafel 20. Durchschnittliche Zahl der Heiz- und der Gradtage.
Ermittelt nach: I. den Temperaturhäufigkeiten (1869—1929);
II. den Kurven der mittleren Monatstemperaturen (1864—1930).

Innentemperatur ° C	Heizgrenze ° C	Lugano		Zürich		Engelberg		Bevers	
		I	II	I	II	I	II	I	II
Heiztage.									
20	12	188	189	225	222	275	281	323	365
18	10	161	165	199	198	243	245	290	299
12	8	133	139	169	173	213	215	259	261
5	3	59	61	94	104	139	153	192	195
Gradtage.									
20	12	2760	2750	3640	3560	4780	4820	6410	6810
18	10	2190	2210	3010	2940	4000	4000	5530	5630
12	8	1140	1140	1740	1680	2450	2440	3700	3720
5	3	240	180	580	490	1000	960	1920	1930

Daß die nach den mittleren Monatstemperaturen berechneten Werte dieser Zahlentafel mit denjenigen der Zahlentafel 16 nicht genau übereinstimmen, kommt daher, weil sie sich auf einen andern Zeitabschnitt beziehen.

mittleren Monatstemperaturen ungenau ausfallen müssen und dasselbe ist in bezug auf die Monate der Einzeljahre, in denen die mittleren Monatstemperaturen nahe an die Heizgrenzen zu liegen kommen, der Fall.

Wie aus Zahlentafel 20 und Abb. 29 hervorgeht, sind die nach dem Verfahren c) herauskommenden Minderbeträge an Gradtagen verhältnismäßig klein, während es sich bei den Mehrbeträgen z. T. um größere Unterschiede handelt. Diese betreffen aber in der Regel Einzeltage mit nur wenig über den Heizgrenzen liegenden mittleren Tagestemperaturen, die zudem zwischen eigentlichen Heiztagen liegen, so daß des Kältespeichervermögens der Mauern wegen auch an diesen Tagen vielfach geheizt werden muß. Oder es kann sich um Tage handeln, an denen, wie bereits erwähnt wurde, tagsüber infolge der Sonneneinwirkung die Temperatur erheblich steigt, wodurch die mittlere Tagestemperatur über die Heizgrenze zu liegen kommt, während die Nächte kalt sind, so daß auch an diesen Tagen, wenigstens stundenweise, Heizbedürfnis besteht. Desgleichen kann starker Wind die Ursache dafür sein. Aus diesen Gründen geben die nach dem Verfahren c) vielfach etwas zu hoch berechneten Gradtagzahlen bezüglich des Brennstoffbedarfes der Heizungen, besonders in schattigen Wohnlagen, sogar meist das richtigere Bild als die nach den Verfahren b) oder gar a) genauer ermittelten. Aber selbst für sonnige Lagen, namentlich in der Höhe, ist es kein Fehler, wenn für die Berechnungen des Brennstoffbedarfes reichlich viel Heiztage angenommen werden. Stellt man beispielsweise die Zahl der Heiztage bezogen auf 10° Heizgrenze für Rigikulm an Hand der Kurve der mittleren Monatstemperaturen fest, so ergeben sich nach Zahlentafel 16 365 Tage, es müßte demnach während des ganzen Jahres geheizt werden. Nun ist das in dem Maße normalerweise nicht der Fall. Bei einer Senkung der Heizgrenze auf 9° kommen denn auch, wie ebenfalls aus Zahlentafel 16 hervorgeht, nur noch 315 Heiztage heraus. Diese großen Unterschiede sind auf den verhältnismäßig flachen Verlauf der Temperaturkurve in der Nähe der Heizgrenze zurückzuführen. Man versteht diese Unsicherheit, wenn man an die starke Wirkung der Höhensonne denkt, die zur Folge hat, daß selbst an vielen Wintertagen nur mäßig geheizt werden muß, während es anderseits bei schlechtem Wetter auch in den Sommermonaten empfindlich kühl wird, so daß man über geheizte Zimmer froh ist. Oft liegt ja mitten im Sommer Schnee auf der Rigi; so sind nach dem „Klima der Schweiz" beispielsweise im Juni des Jahres 1894 15, im Juli des Jahres 1883 6 und im August des Jahres 1889 5 Schneetage aufgezeichnet worden.

In den alljährlich in den Oktobernummern der Schweiz. Bl. f. Hzg. u. Lftg. erscheinenden Berichten über das heiztechnische Klima der Schweiz in den vorangegangenen Wintern, sowie in den „Gradtagtabellen" sind die Heiz- und die Gradtage daher durchwegs nach Verfahren c) bestimmt worden.

d) Nach den mittleren Jahrestemperaturen t bzw. t_0. Die Gradtagzahlen werden nun aber häufig auch für Orte verlangt, an denen keine meteorologischen Beobachtungsstellen bestehen, für die somit die Kurven der mittleren Monatstemperaturen nicht feststellbar sind. Man hat daher nach Mitteln gesucht, um die Gradtagzahlen, wenigstens näherungsweise, auch für derartige Orte angeben zu können und dazu beispielsweise für Deutschland und die Tschechoslowakei sog. „Heiztechnische Klimakarten" ausgearbeitet[1].

Solche Karten entstehen dadurch, daß Orte mit gleich viel Gradtagen durch

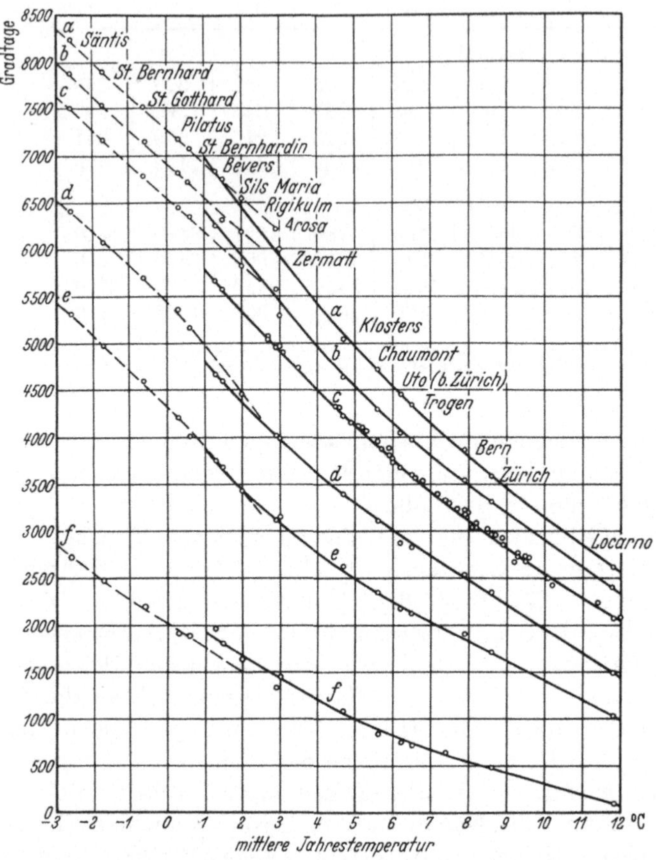

Abb. 30. Die Gradtagkurven für das ganze Gebiet der Schweiz in Abhängigkeit von den mittleren Jahrestemperaturen. Ausgezogen für Tal- und Hanglagen, gestrichelt für Gipfel- und Paßlagen.

a für 20° Innentemperatur und 12° Heizgrenze			
b „ 19°	„	„ 11°	„
c „ 18°	„	„ 10°	„
d „ 15°	„	„ 9°	„
e „ 12°	„	„ 8°	„
f „ 5°	„	„ 3°	„

---

[1] Vgl. z. B. Schulz, E.: XII. Kongreßbericht für Heizung und Lüftung, Teil II, S. 179. München: R. Oldenbourg 1927. — Cammerer und Krause: Grundlagen für wirtschaftlichen Wärmeschutz. Arch. Wärmewirtsch. Bd. 14 (1933) S. 117. — Raiß: Der Einfluß des Klimas auf den Heizwärmebedarf in Deutschland. Gesundh.-Ing. Bd. 56 (1933) S. 397. — Mejstřík: Vliv klimatických poměrů na spotřebu paliva a hospodárnost provozutopných zařízení pro vytápění obytných budov v Československé republice. Prag 1935.

Kurven miteinander verbunden werden. Es empfiehlt sich dabei sämtliche Werte auf Meereshöhe zu beziehen und die wirklichen Gradtage mittels Korrekturen für die tatsächlichen Höhenlagen zu ermitteln. Für die Schweiz und ähnliche Gebirgsgegenden mit ihren außerordentlich großen Höhenunterschieden auf kleiner Fläche und den zahlreichen das Klima, selbst nahe beisammen liegender Orte, oft ganz verschieden gestaltenden Klimafaktoren, ist es jedoch unmöglich, eine solche Karte aufzuzeichnen. Ich habe daher auf anderem Wege versucht ans Ziel zu gelangen und für die Schweiz festgestellt, daß sich beim Auftragen der Gradtage in Ab-

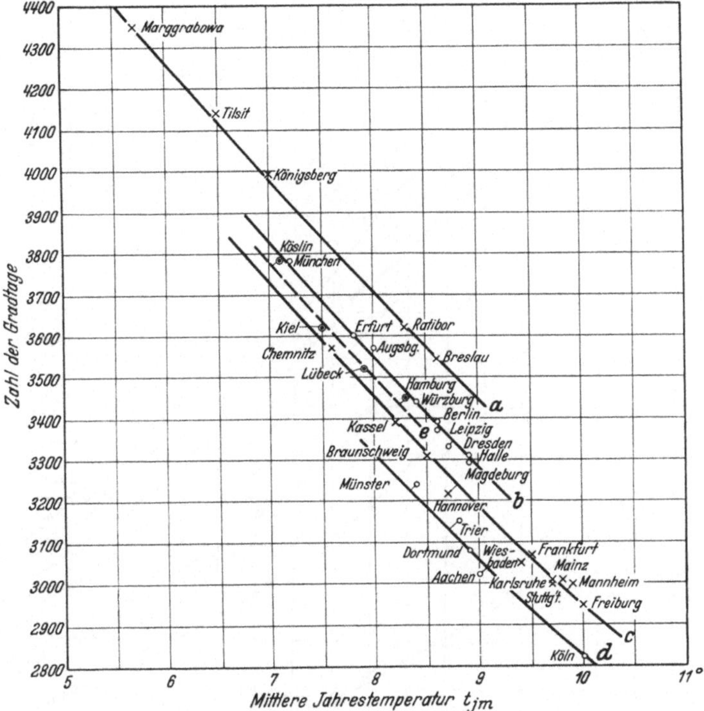

Abb. 31. Die Gradtage für Deutschland in Abhängigkeit von den mittleren Jahrestemperaturen, bezogen auf 19° Innentemperatur und 12° Heizgrenze. (Entnommen aus H. Rietschels Leitfaden der Heiz- und Lüftungstechnik, X. Auflage, 1934.)

hängigkeit von den mittleren Jahrestemperaturen, entsprechend den Abb. 29 u. 30, Kurven ergaben, von denen die einzelnen Punkte höchstens bis zu $\pm 3\%$ abweichen[1]. Die Nachprüfung für andere Gebiete der Erdoberfläche hat zu ähnlichen Resultaten, jedoch z. T. zu anders verlaufenden Kurven geführt[2]. Es ist deshalb bei Anwendung dieses Verfahrens der Gradtagbestimmung erforderlich, die Teilgebiete der Erdoberfläche, für welche die betreffenden Kurven Gültigkeit haben sollen, richtig abzugrenzen. Geschieht das, so läßt sich auf diese Weise die Bestimmung der durchschnittlichen Gradtage mit großer Annäherung vornehmen, sobald nur die mittleren Jahrestemperaturen der in Frage kommenden Orte bekannt sind. Die Grenzen der Teilgebiete haben selbstverständlich mit den Landes-

---

[1] Erstmalige Veröffentlichung im Gesund.-Ing. Bd. 56 (1933) S. 553/555.

[2] Hottinger: Die Heizgradtage Europas. Gesundh.-Ing. Bd. 57 (1934) S. 125/131 und 138/140; und Die Heizgradtage der Erde. Gesundg.-Ing. Bd. 57 (1934) S. 257/260.

grenzen nichts zu tun, sondern sind durch klimatische Einflüsse bestimmt. Für größere Länder sind z. T. mehrere Kurven erforderlich, bisweilen reichen dieselben Kurven aber auch über mehrere Länder hinweg.

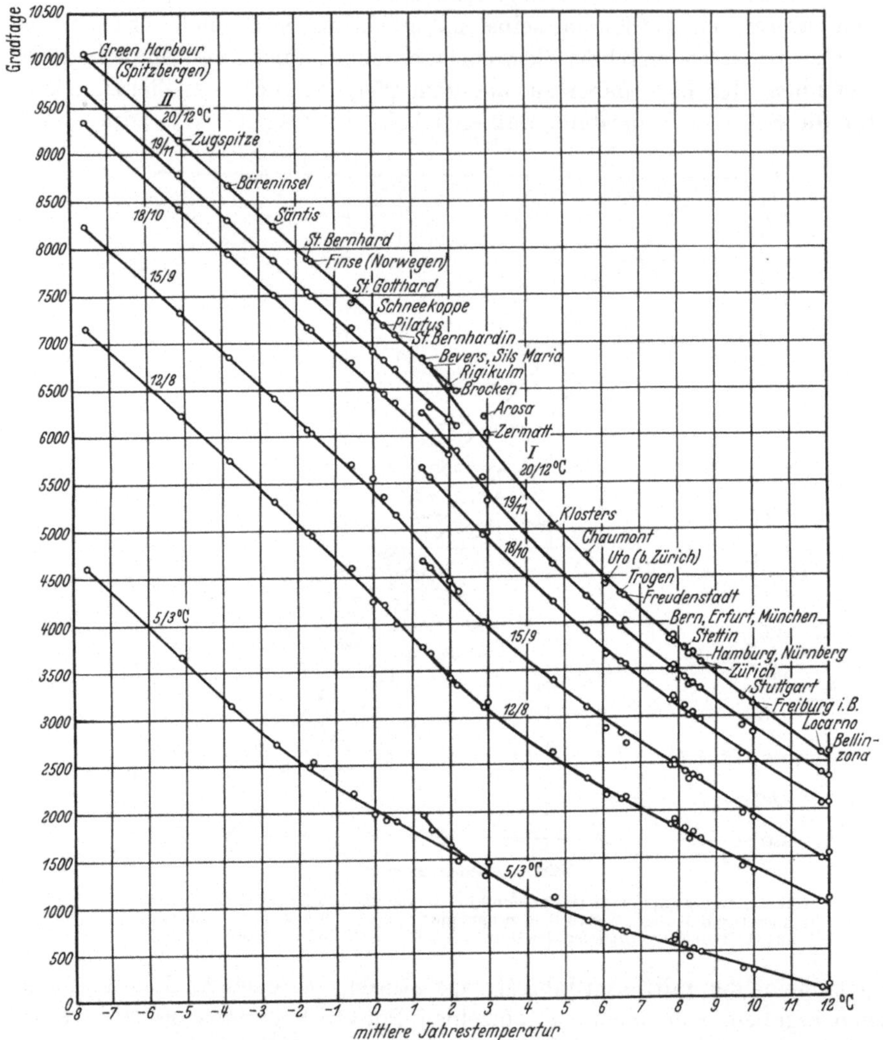

Abb. 32. Die Gradtagkurven für das ganze Gebiet der Schweiz, unter Eintragung einer Anzahl von Orten derjenigen Teilgebiete Deutschlands und des Nordens, für welche die Kurven ebenfalls Gültigkeit haben.

In Abb. 31 gebe ich als Beispiel die aus H. Rietschels Leitfaden der Heiz- und Lüftungstechnik[1] entnommenen Gradtagkurven, bezogen auf 19° Innentemperatur und 12° Heizgrenze für Deutschland wieder. Und ferner sind in Abb. 32 die Kurven der Abb. 30 nochmals aufgetragen, jedoch ergänzt unter Einbezug einer Anzahl von Orten derjenigen Teilgebiete Deutschlands und des Nordens, für welche sie ebenfalls Gültigkeit haben.

---

[1] Berlin: Julius Springer 1934, X. Auflage, Abb. 267, S. 234.

Die Feststellung der Gradtage für beliebige Orte an Hand dieser Kurven ist außerordentlich bequem und für die Praxis zumeist genau genug, denn selbst für Orte, an denen sich keine meteorologischen Beobachtungsstellen befinden, lassen sich die mittleren Jahrestemperaturen unter Benützung nicht allzuweit abliegender Bezugsorte mit ziemlicher Sicherheit nach der Formel

$$t = t_0 \mp \alpha \cdot h \; °C$$

bestimmen.

Darin bedeutet t die gesuchte Temperatur, t_0 die mittlere Jahrestemperatur des Bezugsortes, h den Höhenunterschied zwischen den beiden Orten in Metern dividiert durch 100 und α die von den Meteorologen festgestellte Temperaturänderung je 100 m Höhenunterschied. Diese ist bekanntlich für verschiedene Gegenden ungleich. Für die Schweiz gelten z. B. die in Zahlentafel 21 enthaltenen Werte.

Zahlentafel 21. Zahlenwerte α.

Nord-ostschweiz. Mittelland	Juragebiet	Nordhang der Alpen	Schweizer. Ostalpen	Wallis	Südseite der Alpen
0,364[1]	0,459	0,510	0,514	0,555	0,588

[1] Für freiliegende Gratlagen, wie z. B. Utokulm bei Zürich ist jedoch $\alpha = 0,55$ zu setzen.

Das $+$-Zeichen gilt für tiefer als der Bezugsort gelegene Orte, das $-$-Zeichen für höher gelegene.

Beispiel. Man wünsche die Gradtagzahl für ein Wohngebäude mit 18° Innentemperatur und 10° Heizgrenze für einen Ort am Nordhang der Alpen festzustellen. Er befinde sich 400 m über einer nicht sehr weit abliegenden meteorologischen Beobachtungsstelle, wo die mittlere Jahrestemperatur 8,0° betrage.

Die mittlere Jahrestemperatur des in Frage kommenden Ortes läßt sich zu

$$t = 8,0 - 0,51 \cdot 4 = \text{rd. } 6,0°$$

bestimmen, wofür sich aus Kurve c der Abb. 30 die gesuchte Gradtagzahl zu 3800 ergibt.

Würde es sich statt dessen um ein Krankenhaus mit 20° Innentemperatur handeln, so wäre die Gradtagzahl nach Kurve a der Abb. 30 4570, für ein Werkstattgebäude mit 12° Innentemperatur nach Kurve e dagegen nur 2280.

4. Die durchschnittlichen Gradtagzahlen in verschiedenen Höhen ü. M.

Da die mittleren Jahrestemperaturen mit zunehmender Höhe ü. M. abnehmen, müssen die Gradtagzahlen entsprechend steigen. Genaue Angaben lassen sich allein auf Grund der Höhenlage der Orte allerdings nicht machen, weil, wie Zahlentafel 21 zeigt, die Temperatur mit je 100 m Höhenunterschied an verschiedenen Orten ungleich stark abnimmt, besonders aber weil örtliche klimatische Einflüsse (Bodengestaltung, Windverhältnisse [Föhn], Nähe der Gletscher usw.) mit im Spiele sind und bisweilen ziemlich große Abweichungen von der Regel bewirken. Die Meteorologen haben jedoch zur Erlangung einer Übersicht die Mittelwerte z. B. für die Nordseite der Alpen und die ostschweizerischen Alpen aus einer großen Zahl von Beobachtungen berechnet und dafür die in Zahlentafel 22 angegebenen Monats- und Jahresmittel gefunden. Einige auf Grund dieser Werte berechnete Gradtagzahlen sind in Zahlentafel 23 angegeben, ebenso die Verhältniszahlen, wenn die Gradtagwerte, bezogen auf 500 m Höhe ü. M., gleich 1 gesetzt

Zahlentafel 22. Die durchschnittlichen Monats- und Jahrestemperaturen in der Schweiz in verschiedenen Höhenlagen ü. M.[1].

Monat	Höhe ü. M. in Metern																		
	200	300	400	500	600	700	800	900	1000	1200	1400	1600	1800	2000	2500	3000	3500	4000
Januar . °C	—0,5	—0,9	—1,3	—1,6	—2,0	—2,4	—2,8	—3,2	—3,6	—4,4	—5,2	—5,9	—6,7	—7,5	—9,5	—11,5	—13,4	—15,4
Februar. ,,	2,4	1,9	1,4	0,9	0,4	—0,1	—0,6	—1,1	—1,5	—2,5	—3,5	—4,5	—5,4	—6,3	—8,7	—11,1	—13,5	—16,0
März . . ,,	5,6	5,1	4,5	4,0	3,4	2,8	2,2	1,6	1,1	—0,1	—1,2	—2,4	—3,6	—4,8	—7,7	—10,7	—13,6	—16,5
April . . ,,	10,8	10,2	9,6	8,9	8,3	7,7	7,1	6,5	5,8	4,5	3,2	2,0	0,7	—0,5	—3,7	—6,8	—10,0	—13,1
Mai . . ,,	14,7	14,1	13,5	12,9	12,3	11,7	11,1	10,5	9,8	8,5	7,3	6,1	4,9	3,7	0,6	—2,5	—5,5	—8,6
Juni . . ,,	18,0	17,4	16,8	16,2	15,6	15,0	14,4	13,8	13,3	12,1	10,9	9,7	8,5	7,4	4,4	1,4	—1,5	—4,5
Juli . . ,,	19,6	19,1	18,5	18,0	17,4	16,9	16,4	15,8	15,3	14,2	13,1	12,0	11,0	9,9	7,2	4,5	1,8	—0,9
August . ,,	18,4	17,9	17,4	16,9	16,4	15,9	15,4	14,9	14,4	13,4	12,4	11,4	10,3	9,2	6,6	4,1	1,5	—1,0
September ,,	15,7	15,2	14,7	14,2	13,7	13,2	12,7	12,2	11,7	10,7	9,7	8,7	7,7	6,7	4,2	1,7	—0,7	—3,1
Oktober ,,	9,9	9,5	9,1	8,7	8,3	7,8	7,3	6,9	6,4	5,5	4,6	3,7	2,7	1,7	—0,6	—3,0	—5,3	—7,7
November ,,	5,1	4,7	4,2	3,8	3,4	2,9	2,5	2,0	1,6	0,7	—0,2	—1,1	—2,0	—2,8	—5,1	—7,3	—9,5	—11,7
Dezember ,,	0,4	0,0	—0,4	—0,8	—1,2	—1,6	—2,0	—2,4	—2,7	—3,5	—4,3	—5,1	—5,9	—6,7	—8,7	—10,6	—12,6	—14,5
Jahresmittel.	10,0	9,5	9,0	8,5	8,0	7,5	7,0	6,5	6,0	4,9	3,8	2,8	1,8	0,8	—1,8	—4,3	—6,8	—9,4

[1] Durchschnittswerte vieler Beobachtungsstellen auf der Nordseite der Alpen und in den ostschweizerischen Alpen. Die Zusammenstellung beruht auf der Annahme gleichmäßiger Temperaturabnahme mit der Höhe, was in Wirklichkeit, infolge der örtlichen Klimaeinflüsse, nicht genau zutrifft. (Vgl. W. Moerikofer: Zur Bioklimatologie der Schweiz. Schweiz. med. Jb. 1933.)

Zahlentafel 24. Vergleich der mittleren Monats - und Jahrestemperaturen, Heiz - und Gradtage von Orten in ungleichen Höhenlagen ü. M. an verschiedenen Stellen der Erdoberfläche.

Ort	Land	Nördliche Breite	Östliche Länge	Höhe ü. M.	Mittlere Monatstemperatur ° C												Jahresmittel	Bei 20° Innentemperatur und 12° Heizgrenze ist die mittlere Zahl der	
				m	Juli	Aug.	Sept.	Okt.	Nov.	Dez.	Jan.	Febr.	März	April	Mai	Juni	° C	Heiztage	Gradtage
Mailand .	Italien	45° 28′	9° 11′	122	24,4	23,2	19,4	13,1	6,7	2,6	1,0	4,0	8,2	13,0	17,2	21,7	12,9	171	2520
Locarno .	Schweiz	46° 10′	8° 48′	237	21,9	20,7	17,6	11,6	6,7	3,2	2,0	4,2	7,4	11,8	15,6	19,5	11,8	183	2610
Taschkent	Sibirien	41° 20′	69° 18′	478	26,7	24,6	19,1	12,0	7,0	2,5	—1,0	1,3	7,7	14,3	19,9	24,7	13,2	170	2660
Zermatt .	Schweiz	46° 01′	7° 45′	1610	12,5	11,4	8,7	3,5	—1,4	—5,6	—6,3	—4,5	—2,3	2,5	6,9	10,4	3,0	342	6030
Narynskoye	Sibirien	41° 26′	67° 02′	2046	17,2	16,8	12,4	4,8	—3,7	—12,9	—16,7	—14,4	—4,4	6,4	11,1	14,7	2,6	247	5810

Zahlentafel 23.

Die nach Zahlentafel 22 ermittelten durchschnittlichen Gradtagzahlen
für verschiedene Höhen ü. M., sowie deren Verhältnis zueinander,
wenn die Werte für 500 m ü. M. gleich 1 gesetzt werden.

Höhe ü. M.	Mittlere Jahrestemperatur	Innentemperatur ° C					
		20	19	18	15	12	5
		Heizgrenze ° C					
m	° C	12	11	10	9	8	3
		Gradtage.					
500	8,5	3 590	3 270	3 000	2330	1720	540
1000	6,0	4 540	4 140	3 790	3010	2300	800
1500	3,4	5 730	5 210	4 780	3860	3020	1320
2000	0,8	7 010	6 640	6 280	4880	3880	1880
3000	—4,3	8 870	8 500	8 140	7040	5950	3330
4000	—9,4	10 730	10 370	10 000	8910	7810	5260
		Verhältniszahlen.					
500	8,5	1	1	1	1	1	1
1000	6,0	1,26	1,26	1,26	1,29	1,34	1,48
1500	3,4	1,60	1,60	1,60	1,66	1,76	2,45
2000	0,8	1,95	2,03	2,09	2,09	2,26	3,48
3000	—4,3	2,47	2,61	2,71	3,03	3,46	6,18
4000	—9,4	2,98	3,16	3,33	3,83	4,55	9,75

werden. Zur bessern Übersicht sind diese Verhältniszahlen zudem in Abb. 33
noch graphisch aufgetragen. Man erkennt, daß bei 4000 m Höhe ü. M. die Gradtagzahlen gegenüber denjenigen bei 500 m Höhe ü. M. für Innentemperaturen von 20 bis 12° auf das 3- bis 4,5fache steigen, für 5° Innentemperatur sogar nahezu auf das 10fache.

An Hand des Werkes „World Weather Records"[1] habe ich versucht, weitere Gegenden ausfindig zu machen, die, wie die Schweiz, erlauben, die Gradtage in bezug auf erhebliche Höhenunterschiede bei nicht allzu großen Abweichungen in den Breiten- und Längengraden zu bestimmen. Ähnlich günstige Gelegenheiten scheinen jedoch nicht mehr vorzukommen. Ich begnüge mich daher damit in Zahlentafel 24 zwei auf nahezu gleicher nördlicher Breite gelegene Orte Sibiriens (Taschkent und Narynskoye), die jedoch hinsichtlich der Länge um etwas über 2 Grade auseinanderliegen, mit Mailand, Locarno und Zermatt zu

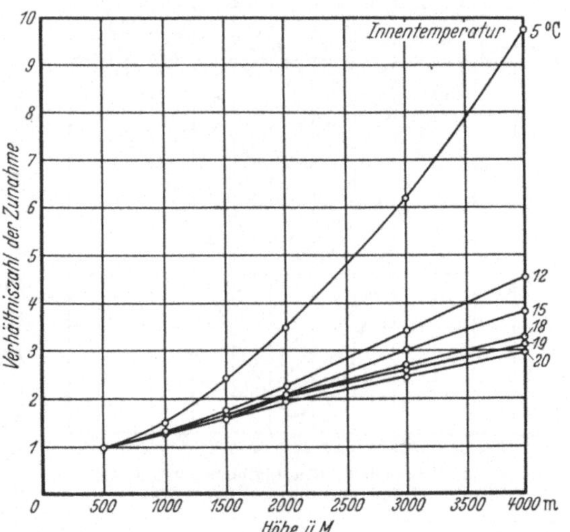

Abb. 33. Verhältnis der Zunahme der durchschnittlichen Gradtagzahlen mit der Höhe ü. M. auf der Nordseite der Alpen und in den ostschweizerischen Alpen bei verschiedenen Innentemperaturen, wenn die Gradtagzahlen bei 500 m ü. M. gleich 1 gesetzt werden.

---

[1] Herausgegeben von der Smithsonian Institution, City of Washington, August 1927.

vergleichen. Trägt man die Gradtage in Abhängigkeit von den mittleren Jahrestemperaturen auf, so zeigt sich, daß für das sibirische Binnenklima der Punkt für den tief gelegenen Ort Taschkent etwas über die Gradtagkurve der Schweiz, derjenige für das hochgelegene Narynskoye etwas darunter zu liegen kommt. Die sibirische Gradtagkurve steigt also weniger stark an als die schweizerische. Trägt man die Gradtage in Abhängigkeit von der Höhe ü. M. auf, so fallen die Punkte ziemlich weit unter diejenigen der Schweiz. Zur einwandfreien Abklärung dieser Verhältnisse müßten natürlich weitergehende Studien durchführbar sein. Für die Bestimmung der Gradtage erübrigen sie sich indessen, da man hierzu aus den bereits genannten Gründen besser von den durchschnittlichen Jahres-, oder, wenn erhältlich, von den Monatstemperaturen der Orte und nicht einfach von deren Höhenlage ü. M. ausgeht.

5. Die durchschnittlichen Gradtagzahlen an weiteren Orten der Erdoberfläche.

Wie schon erwähnt, eignet sich die Schweiz zur Untersuchung des Einflusses der Höhe auf die Gradtagzahlen besonders gut, weil sie auf kleiner Fläche, geographisch gesprochen nahezu am selben Punkt der Erdoberfläche, etwa 125 meteorologische Beobachtungsstellen in Höhen zwischen rd. 240 und 2500 m, bzw. bei Einbezug des Jungfraujoches sogar bis rd. 3500 m ü. M. aufweist. Dagegen gibt sie keinen Aufschluß über die Verhältnisse an Orten mit einerseits ausgesprochenem See-, anderseits ausgeprägtem Binnenklima. Herr Uttinger von der Schweiz. Meteorologischen Zentralanstalt charakterisiert die Lage der Schweiz in einem Aufsatz über das Klima des deutschschweizerischen Mittellandes folgendermaßen: „Die Schweiz liegt an der Scheide dreier klimatischer Hauptgebiete, dem westeuropäischen mit seinem stark ozeanischen Charakter, dem osteuropäischen mit seiner mehr kontinentalen Prägung und dem südeuropäischen, das bereits der subtropischen Klimazone an

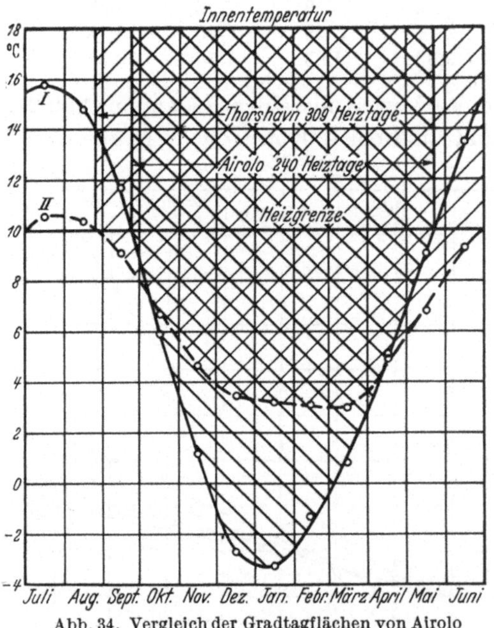

Abb. 34. Vergleich der Gradtagflächen von Airolo (Schweiz) I und Thorshavn (Farörinseln) II.

gehört. Die Abgrenzung gegen das südeuropäische Klima ist durch den Alpenwall eine ziemlich schroffe; dagegen läßt sich zwischen west- und osteuropäischem Klima keine scharfe Grenze ziehen, der Übergang ist ein allmählicher."

Um Klarheit über den Einfluß des See- und Binnenklimas zu erlangen, habe ich die Gradtagzahlen daher noch für weitere Orte bestimmt. Dabei haben sich beachtliche Feststellungen ergeben, von denen auf folgende hingewiesen sei:

Über den ungleichen Verlauf der Kurven der mittleren Monatstemperaturen an verschiedenen Orten der Erdoberfläche gibt bereits Abb. 1 dieses Buches Aufschluß. Insbesondere wurde dort bemerkt, daß die Kurven für Orte mit Seeklima vor allem wenn noch der Einfluß temperaturausgleichender Seeströmungen dazukommt, viel flacher verlaufen als diejenigen für mehr im Innern der Kontinente gelegene oder gar solche mit ausgesprochenem Binnenklima, z. B. Zentralrußlands oder Sibiriens. Das kommt natürlich auch in bezug auf die Zahl der Heiz- und der Gradtage zum Ausdruck.

In Abb. 34 sind beispielsweise die Gradtagflächen einerseits für das mitten im Golfstrom auf den Farörinseln 9 m ü. M. gelegene Thorshavn und anderseits für das an der Gotthardlinie in der Schweiz, 1141 m ü. M. gelegene Airolo durch Schraffung hervorgehoben. Die beiden Orte wurden gewählt, weil sie, wie Zahlentafel 25 zeigt, trotz ihrer ungleichen Lage, und den dadurch bedingten sehr verschiedenen klimatischen Verhältnissen, ungefähr gleich viel Gradtage aufweisen nämlich bei 18° Innentemperatur und 10° Heizgrenze: Thorshavn 3860 und Airolo 3890. Die Gleichheit kommt zustande, weil in Thorshavn bei erheblich längerer Heizzeit die Wintertemperaturen viel milder sind. Wie aus Abb. 34 und Zahlentafel 25 hervorgeht, weist Thorshavn 309 Heiztage auf, wobei die Temperaturkurve nur auf 3,0° sinkt, während Airolo 240 Heiztage zählt, die Temperaturkurve aber bis auf —3,2° fällt.

Zahlentafel 25.
Vergleich zwischen Thorshavn und Airolo.

| Monat | Mittlere Temperatur von | | Thorshavn | | Airolo | |
| | Thorshavn ° | Airolo ° | Heiztage | Gradtage | Heiztage | Gradtage |
			bezogen auf 18° Innentemperatur und 10° Heizgrenze			
Januar . . .	3,2	—3,2	31	460	31	660
Februar. . .	3,1	—1,3	28	420	28	540
März	3,0	0,8	31	460	31	530
April	4,9	5,1	30	390	30	390
Mai	6,8	9,1	31	350	22	210
Juni	9,3	13,5	30	260	—	—
Juli	10,6	15,8	—	—	—	—
August . . .	10,4	14,8	6	50	—	—
September .	9,1	11,7	30	270	6	50
Oktober. . .	6,7	6,0	31	350	31	370
November. .	4,7	1,2	30	400	30	500
Dezember . .	3,5	—2,7	31	450	31	640
Jahr	6,3	5,9	309	3860	240	3890

Noch deutlicher tritt der Unterschied zwischen See- und Binnenklima in Erscheinung, wenn man Thorshavn mit Orten mit ausgesprochenem Binnenklima, z. B. dem 112 m ü. M. liegenden Wechojansk in Ostsibirien vergleicht, das auf 67° 33′ n. Br., also nur etwas über 5° nördlicher als Thorshavn gelegen ist. Werchojansk wurde früher als der Kältepol der Erde bezeichnet. Seit dem Jahre 1926 vermutet man jedoch, daß er bei Oimekon, am Oberlauf der Indigirka (etwa 62° 45′ n. Br.), in einem Tal, das von hohen Bergen umgeben ist, liegt. In Werchojansk beträgt die mittlere Monatstemperatur im Januar —50,7°. Der Temperaturtiefstwert wurde am 21. Februar 1892 zu —67,8° festgestellt. Im Sommer dagegen steigt das Monatsmittel im Juli auf +15,3°, also um rd. 5° höher als in Thorshavn und nur um 0,5° weniger hoch als in Airolo. Überraschend ist, daß Werchojansk trotz der außerordentlichen Kälte im Winter nach Rickli[1] von hochstämmigem Wald von Lärchen, Birken und Aspen umgeben ist, üppige Wiesen Viehzucht erlauben und Gerste, Hafer, Roggen, Kartoffeln, Rüben und Rettiche gedeihen.

---

[1] Aus der Erforschungsgeschichte der Polarwelt. Neujahrsblatt der Naturforschenden Gesellschaft, Zürich 1936, S. 29.

52   Die Gradtage.

In diesem Zusammenhang schreibt Rickli weiter: „Im eigentlichen Nordpolargebiet erreicht einzig das völlig vergletscherte Innere Grönlands bei Meereshöhen von 2200 bis 2700 m annähernd ähnlich tiefe Temperaturen. Diesen extremen Kälten gegenüber ist daran zu erinnern, daß auf Grund theoretischer Erwägungen und Berechnungen Mohn für das Gebiet um den Nordpol eine mittlere Jahrestemperatur von —41° C und ein Minimum von nur —51° C berechnet hat. Am nördlichsten Punkt von Alaska, in der Tundrensiedelung von Point Barrow (ca. 71° 15′ n.), etwa 550 km nördlich vom Polarkreis, sind nie Temperaturen unter —48° beobachtet worden, wohl aber in der kleinen, etwa 5000 Einwohner zählenden Stadt Havre unter 48° 35′ n. im nördlichsten Montana. Der Ort liegt auf einer Meereshöhe von 760 m, nicht weniger als 2500 km südlicher, im kontinentalen Binnenland. Hier hat man Temperaturen bis zu —55° C festgestellt, somit 7° weniger als an dem mehr als 16 Breitengrade nördlicher gelegenen Point Barrow. Kontinentalität ist somit für die tiefen Wintertemperaturen vielfach entscheidender als hohe Breitegrade."

Zahlentafel 26 gibt über die Zahl der Heiz- und Gradtage für Thorshavn und Werchojansk bei verschiedenen Innentemperaturen und Heizgrenzen Aufschluß. Man erkennt, daß die Gradtagzahlen von Thorshavn durchweg viel kleiner, die Heiztagzahlen dagegen, je nach den Innentemperaturen, z. T. größer, z. T. kleiner sind. Hinsichtlich der Gradtage zeigt sich, daß die Unterschiede mit abnehmenden Innentemperaturen außerordentlich stark zunehmen. Bei auf 20° beheizten Gebäuden sind die Gradtagzahlen 5000 und 12 980, während auf 5° temperierte Gebäude in Thorshavn überhaupt nicht mehr geheizt werden müssen, in Werchojansk dagegen noch während 248 Tagen, wobei die Gradtagzahl 8500 beträgt.

Um eine allgemeine Übersicht zu geben, habe ich in Zahlentafel 27 die anläßlich der Durchführung verschiedener Arbeiten ermittelten, auf 20° Innentemperatur und 12° Heizgrenze bezogenen, Heiz- und Gradtagzahlen für eine große Zahl über die ganze Erde verstreuter Orte angegeben. Außerdem sind die betreffenden Gradtage in Abb. 35 in Abhängigkeit von den mittleren Jahrestemperaturen aufgetragen und die Grenzlinien eingezeichnet. Die gewählten Orte liegen zum größten Teil auf der nördlichen, z. T. aber auch auf der südlichen Halbkugel in Höhenlagen von 0 bis zu rd. 3000 m ü. M. Die Temperaturangaben zur Berechnung der Werte mußten verschiedenen Werken entnommen werden. Sie

Zahlentafel 26. Vergleich zwischen Thorshavn und Werchojansk.

Ort	Mittlere Jahres-temp.	Höchste mittlere Monats-temperatur	Tiefste mittlere Monats-temperatur	Innentemperatur											
				20°		19°		18°		15°		12°		5°	
				Heizgrenze											
				12°		11°		10°		9°		8°		3°	
	°C	°C	°C	Heiz-tage	Grad-tage	Heiz-tage	Grad-tage	Heiz-tage	Grad-tage	Heiz-tage	Grad-tage	Heiz-tage	Grad-tage	Heiz-tage	Grad-tage
Thorshavn...	6,3	10,6	3,0	365	5 000	365	4 640	309	3 860	284	2 820	243	1 820	—	—
Werchojansk.	—16,3	15,3	—50,7	315	12 980	306	12 590	297	12 220	290	11 290	283	10 390	248	8500

Zahlentafel 27.
Übersicht über die mittleren Jahrestemperaturen, sowie die Zahl
der Heiz- und der Gradtage verschiedener Orte bei 20°
Innentemperatur und 12° Heizgrenze.

Land	Ort	Mittlere Jahrestemperatur °C	Zahl der	
			Heiztage	Gradtage
Nördliche Halbkugel.				
Alaska	Dutch Harbor	4,3	365	5 700
	Tanana	—5,2	296	8 790
Bulgarien	Sofia	10,0	201	3 270
China	Mukden	6,8	209	4 800
Dänemark (Farör)	Thorshavn	6,3	365	5 000
Deutschland	Aachen	9,0	230	3 390
	Berlin	9,0	216	3 520
	Breslau	8,4	228	3 790
	Brocken	2,2	365	6 480
	Erfurt	7,8	234	3 830
	Freiburg i. Br.	10,0	208	3 140
	Freudenstadt	6,6	260	4 300
	Hamburg	8,3	233	3 670
	Helgoland	8,2	246	3 650
	Königsberg	6,8	243	4 320
	München	7,9	230	3 820
	Münster	8,4	233	3 590
	Nürnberg	8,4	227	3 690
	Schneekoppe	0,0	365	7 280
	Stettin	8,2	228	3 740
	Stuttgart	9,7	212	3 210
	Zugspitze	—5,1	365	9 150
England	London	9,8	230	3 080
	Oxford	9,5	239	3 210
Estland	Narwa	4,6	263	5 140
	Tallin	5,1	268	4 950
Finnland	Helsinki	4,1	273	5 350
	Kajani	1,1	297	6 490
	Uleaborg	1,8	290	6 240
Frankreich	Bordeaux	12,3	179	2 280
	Lorient	11,8	192	2 320
	St. Mathieu	11,6	202	2 290
	Marseille	14,1	153	1 730
	Nizza	13,5	167	1 970
	Paris	10,1	215	3 040
Griechenland	Corfu	18,2	71	650
Grönland	Angmagsalik	—2,0	365	8 030
	Godthaab	—2,0	365	8 030
Japan	Nemuro	5,5	270	4 780
Irland	Dublin	9,8	243	3 050
	Valentia	10,5	231	2 670
Island	Berufjord	3,0	365	6 200
	Reykjavik	3,9	365	5 850
Italien	Florenz	14,3	154	1 950
	Mailand	12,9	171	2 520
	Messina	18,3	40	330
	Neapel	15,8	126	1 320
	Rom	15,4	136	1 530

Die Gradtage.

Zahlentafel 27. (Fortsetzung.)

Land	Ort	Mittlere Jahrestemperatur °C	Zahl der Heiztage	Zahl der Gradtage
Italien	Venedig	13,3	167	2 340
Kanada	Bella Coola	6,8	252	4 190
	Dawson	—5,3	291	8 780
	Moose Factory	—0,6	277	7 120
Niederlande	Den Helder	9,7	223	3 110
	Vlissingen	10,3	212	2 920
Norwegen	Väreninsel	—3,8	365	8 670
	Bergen	7,0	274	4 150
	Finse	—1,6	365	7 870
	Green Harbour (Spitzberg.)	—7,6	365	10 070
	Tromsö	2,4	365	6 420
Österreich	Wien	9,2	211	3 500
Polen	Warschau	7,9	224	3 920
Portugal	Lissabon	15,8	92	840
	Oporto	14,8	127	1 260
Rußland	Archangelsk	0,3	293	6 780
	Astrachan	9,4	198	3 960
	Bogoslowsk	—1,3	284	7 340
	Gorki	4,7	240	5 040
	Kasan	3,0	248	5 860
	Kiew	6,8	226	4 390
	Moskau	3,9	248	5 450
	Nikolaewskoe	4,2	234	5 480
	Odessa	9,6	203	3 590
	Orenburg	3,3	234	5 890
	Tiflis	12,7	171	2 610
	Ust-Zylma	—2,4	326	7 920
Schottland	Edinburg	8,7	260	3 500
Schweden	Haparanda	0,5	313	6 810
	Stockholm	5,7	266	4 730
Schweiz	Altdorf	9,2	219	3 350
	Arosa	2,9	365	6 210
	Basel (Bernoullianum)	9,5	213	3 290
	Bellinzona	12,0	182	2 620
	Bern	7,9	233	3 870
	St. Bernhard	—1,7	365	7 920
	St. Bernhardin	0,6	365	7 080
	Bevers	1,3	365	6 850
	La Brévine	4,5	300	5 220
	Chaumont	5,6	281	4 730
	Davos-Platz	2,7	347	6 190
	Engelberg	5,2	281	4 870
	St. Gallen	7,2	245	4 080
	Genf	9,5	212	3 270
	St. Gotthard	—0,6	365	7 520
	Klosters	4,7	289	5 050
	Locarno	11,8	183	2 610
	Lugano	11,4	189	2 750
	Neuchâtel	8,9	221	3 530
	Pilatus	0,3	365	7 190
	Rigikulm	2,0	365	6 570
	Säntis	—2,6	365	8 250

Zahlentafel 27. (Fortsetzung.)

Land	Ort	Mittlere Jahrestemperatur °C	Zahl der Heiztage	Zahl der Gradtage
Schweiz	Schaffhausen	8,0	234	3 850
	Sils-Maria	1,5	365	6 750
	Sitten	9,6	205	3 280
	Trogen	6,5	261	4 330
	Uto (bei Zürich)	6,2	265	4 420
	Zermatt	3,0	342	6 030
	Zürich	8,5	225	3 590
Sibirien	Akmolinsk	1,4	244	6 470
	Krasnovodsk	15,7	146	2 000
	Minusinsk	0,4	256	6 860
	Narynskoye	2,6	247	5 810
	Novo Mariinsky Post	—8,0	365	10 220
	Petropavlovsk	0,3	365	7 190
	Taschkent	13,2	170	2 660
	Turukhansk-Monastyrskoe	—7,8	319	9 900
	Werchojansk	—16,3	315	12 980
Spanien	La Corunna	13,6	145	1 420
	Granada	15,2	141	1 620
	Madrid	14,0	168	2 120
	Malaga	18,6	—	—
	Santiago	12,7	182	1 980
Tschechoslowakei	Brünn	8,4	219	3 740
USA.	Chicago	10,1	196	3 520
	New Haven	9,8	201	3 460
	Omaha	10,3	178	3 440
	Red Bluff	16,5	125	1 380
	Südliche Halbkugel.			
Afrika	Kapstadt	16,8	—	—
	Port Elizabeth	17,6	—	—
Argentinien	Buenos Aires	16,1	100	990
	Puerto Madryn	13,5	154	1 720
Australien	Adelaide	17,2	57	500
	Sydney	17,4	27	310
Chile	Punta Arenos	6,4	365	4 960
	Punta Galera	11,2	229	2 290
	Santiago	13,6	151	1 640
Feuerland	Año Nuevo	5,0	365	5 480
Neuseeland	Christchurch	11,4	189	2 230
	Hokitika	11,7	190	2 060
	Wellington	12,9	151	1 520
Brit. Insel	South Georgia	1,8	365	6 640

beziehen sich daher auf verschiedene Zeitabschnitte. Werden die Gradtage für andere Zeitdauern bestimmt, so ergeben sich etwas abweichende Zahlen, dementsprechend aber auch andere mittlere Jahrestemperaturen. Es wäre sehr zu begrüßen, wenn die Gradtage für möglichst viele Orte der Erde für die gleichen Zeitdauern erhältlich wären. Damit wird es aber noch gute Weile haben, so daß Zahlentafel 27, trotz gewisser Mängel, vorläufig die beste allgemeine Übersicht darstellen dürfte. Weitere Angaben, die sich auf andere Innentemperaturen und Heizgrenzen beziehen, finden sich im Gesundh.-Ing. Bd. 57 (1934) H. 10 S. 126

u. 127. Ferner sind für Deutschland eine große Zahl von Gradtagzahlen veröffentlicht worden[1].

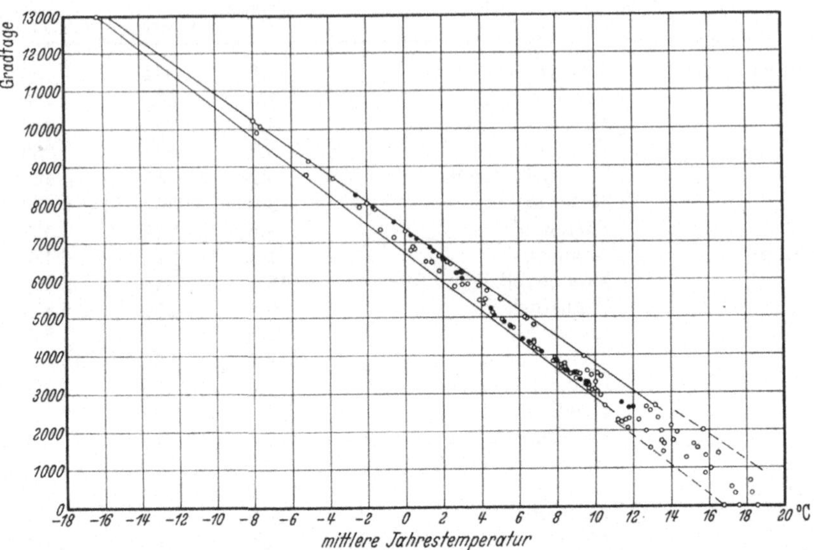

Abb. 35. Die Gradtage der Zahlentafel 27, bezogen auf 20° Innentemperatur und 12° Heizgrenze, für das ganze heiztechnisch in Frage kommende Gebiet der nördlichen und der südlichen Halbkugel, sowie für Höhen von 0 bis rd. 3000 m ü. M., aufgetragen in Abhängigkeit von den mittleren Jahrestemperaturen.

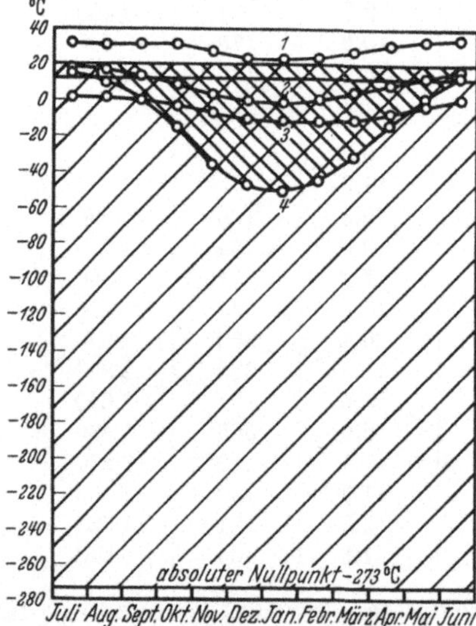

Abb. 36. Vergleich der mittleren Monatstemperaturen von: 1.Karthum(Sudan), 2.Zürich(Schweiz), 3. Zugspitze (Deutschland) und 4. Werchojansk (Sibirien), sowie der Gradtagfläche von Werchojansk mit derjenigen der Erde nach dem Erkalten der Sonne.

Die Grenzlinien ließen sich in Abb. 35 für mittlere Jahrestemperaturen von 11° an abwärts eindeutig eintragen, während sie für die wärmsten in Betracht kommenden subtropischen Gegenden unsicher und daher nur gestrichelt angedeutet sind. Es ist wertvoll der Darstellung entnehmen zu können, daß z. B. für 10° mittlere Jahrestemperatur die durchschnittliche Gradtagzahl bezogen auf 20° Innentemperatur und 12° Heizgrenze für irgendeinen beliebigen Ort der Erdoberfläche zwischen 2900 und 3800, für 5° zwischen 4800 und 5600, für 0° zwischen 6700 und 7300, für —5° zwischen 8600 und 9100 und für —10° zwischen 10 500 und 10 900 liegen muß. Die sich auf die Schweiz beziehenden Werte sind in Abb. 35 als schwarze Punkte eingetragen. Die drei rechts unten, etwas abgesondert von den übrigen gelegenen, beziehen sich auf den Tessin, dann folgen

---

[1] Vgl. z. B. Cammerer und Krause: Arch. Wärmewirtsch. Bd. 14 (1933) Heft 5. — Raiß: Gesundh.-Ing. Bd. 56 (1933) S. 402. — Gröber: Rietschels Heiz- und Lüftungstechnik, X. Auflage, S. 235. Berlin: Julius Springer 1934.

diejenigen des schweizerischen Mittellandes, weiter links diejenigen der höher gelegenen Orte der Zentralschweiz und des Bündnerlandes und schließlich diejenigen
der hochgelegenen Gipfel- und Paßlagen.

Im Gegensatz zu ihrem Kältepol muß die Erde auch einen Wärmepol auf-
weisen. Wo er sich befindet, ist nicht genau bekannt. Während man bisher die
Hafenstadt Massaua in Eritrea dafür ansah, vermutet man ihn nach den
neuesten Forschungen heute in Lugh im italienischen Somaliland. Der
Jahresdurchschnitt der Temperatur beträgt an beiden Orten über 30°. Als höchste
Lufttemperaturen sollen ferner in dem unter Meeresspiegel liegenden „Tal des
Todes" in Kalifornien im Juli schon wiederholt Temperaturen von über 56°
festgestellt worden sein.

Abb. 35, in der die Heiz-Gradtage aufgetragen sind, ließe sich somit durch die
Eintragung der Kühl-Gradtage (vgl. Abschnitt III) noch ergänzen. Die betreffende Punktschar würde unter der Abszissenachse nach rechts unten verlaufen.

Es ist auch verlockend, die Kurven der mittleren Monatstemperaturen von den
heißesten bis zu den kältesten Gegenden der Erde miteinander zu vergleichen.
Ich habe dies in Abb. 36 zur Erlangung einer Übersicht für vier sehr ungleich
warme Orte getan und in Zahlentafel 28 die Höhen ü. M., die mittleren Jahrestemperaturen und die Zahlen der Heiz- und der Gradtage, bezogen auf 20°

Zahlentafel 28.
Vergleich zwischen Karthum, Zürich, Zugspitze
und Werchojansk.

Ort	Land	Höhe ü. M. m	Mittlere Jahres- temp. ° C	Bei 20° Innentemp. und 12° Heizgrenze ist die mittlere Zahl der	
				Heiztage	Gradtage
Karthum	Sudan	390	29,2	—	—
Zürich	Schweiz	470	8,5	225	3 590
Zugspitze	Deutschland	2964	—5,1	365	9 150
Werchojansk	Sibirien	112	—16,3	315	12 980

Innentemperatur und 12° Heizgrenze für diese Orte angegeben. Außerdem ist in
Abb. 36 die Gradtagfläche für Werchojansk durch Schraffung von links oben
nach rechts unten hervorgehoben.

Es liegt nahe zu fragen wie die Gradtagflächen sich beim allmählichen Erkalten
der Sonne gestalten werden. Dabei müssen sich die Temperaturkurven naturgemäß weiter nach unten verschieben bis die gesamte Erdoberfläche die Temperatur des Weltraumes, nämlich —273°, annimmt. Die Gradtagfläche wird also
schließlich überall dem von links unten nach rechts oben schraffierten Rechteck
entsprechen und die Gradtagzahl bezogen auf 20° Innentemperatur durchwegs
$365 \cdot (273 + 20) = 106\,945$ betragen, während diejenige von Werchojansk
z. Zt. bei rd. 13 000 liegt.

6. Die Nutzwerte der Heizanlagen.

Im Anschluß an die vorstehenden Überlegungen sei noch auf die ebenfalls an
Hand der Gradtage bestimmbaren Nutzwerte der Heizanlagen hingewiesen,
wobei es sich um folgendes handelt: Wenn eine Heizung z. B. für +20° Innentemperatur und —15° Außentemperatur bestimmt ist, so könnte sie bei dauernd

—15° Außentemperatur den Heizwärmebedarf entsprechend $365 \cdot 35 = 12775$ Gradtagen decken. Kommen in Wirklichkeit, z. B. für ein Krankenhaus, nur 3600 Gradtage in Betracht, so beträgt der Nutzwert $\dfrac{3600 \cdot 100}{12775} = $ rd. 28%. Handelt es sich statt dessen am gleichen Ort um ein auf ebenfalls 20° beheiztes Gewächshaus, so muß für die Glaswände und -dächer, der starken Wärmedurchlässigkeit und mangelnden Wärmespeicherung wegen, mit einer tieferen Außentemperatur, im vorliegenden Fall von vielleicht —20°, gerechnet werden. Dadurch sinkt der Nutzwert bei gleich angenommener Heizgrenze auf $\dfrac{3600 \cdot 100}{365 \cdot (20 + 20)} = $ rd. 25%. Desgleichen nehmen die Werte bei Gebäuden mit tieferen Innentemperaturen ab; bei 5° Innentemperatur sogar bis auf etwa 7%, während sie anderseits an hochgelegenen Orten mit längerer Ausnützbarkeit der Heizungen durchweg höher ausfallen. Für 1500 m Höhe ü. M. ergeben sich z. B. für die Schweiz Mittelwerte bei 20° Innentemperatur von etwa 37%, bei 15° Innentemperatur von etwa 28% und bei 5° Innentemperatur von rd. 13%. Besonders hoch fallen die Nutzwerte natürlich an Orten mit langen Heizdauern und wenig tief sinkenden Wintertemperaturen aus, weil dabei die für die Vollausnützung der Heizung in Frage kommenden Gradtagflächen klein, die Nutzgradtagflächen verhältnismäßig groß sind. Vergleicht man z. B. auf 18° beheizte Wohnhäuser in Thorshavn und Airolo miteinander, die nach Zahlentafel 25 fast genau gleich viel Nutzgradtage aufweisen, berücksichtigt aber, daß den Wärmebedarfsberechnungen in Thorshavn, der Wärmeeinwirkung des Golfstromes wegen, nur etwa —5°, in Airolo dagegen —15° zugrunde zu legen sind, so ergibt sich der Nutzwert für Thorshavn zu $\dfrac{3860 \cdot 100}{365 \cdot (18 + 5)} = $ rd. 46%, für Airolo zu nur $\dfrac{3890 \cdot 100}{365 \cdot (18 + 15)} = 32\%$.

7. Die Gradtagzahlen der einzelnen Jahre.

Die durchschnittlichen Heiz- und Gradtagzahlen, um die es sich in den vorstehenden Abschnitten gehandelt hat, beziehen sich auf die durchschnittlichen heiztechnischen Klimaverhältnisse und sind demzufolge auch nur für die mittleren Brennstoffverbrauche an den betreffenden Orten maßgebend. Wie schon erwähnt wurde, kommen in den Einzelwintern in der Schweiz Abweichungen davon bis zu ±15% und mehr vor, wobei allerdings auch die mittleren Jahrestemperaturen andere sind. So weisen z. B. die in Zahlentafel 17 für die Zeit von 1910 bis 1937 angegebenen, auf 20° Innentemperatur bezogenen Gradtagzahlen in bezug auf Zürich einen größten Unterschied von 30%, hinsichtlich Davos einen solchen von 24% auf.

Zeichnet man die Gradtagzahlen für die einzelnen Winter in Abhängigkeit von den Mitteltemperaturen der betreffenden Zeitabschnitte (1. Juli bis 30. Juni des darauffolgenden Jahres) auf, so weichen sie gegenüber den Durchschnittskurven Abb. 30 naturgemäß z. T. etwas ab. Abb. 37 zeigt beispielsweise die für die Schweiz erforderlich gewesenen Richtigstellungen (schwarze Punkte und gestrichelte Kurven) für die Winter 1933/34 bis und mit 1936/37. Wie ersichtlich waren die Unterschiede für Innentemperaturen von 18 bis 20° sehr klein, für auf 5° zu temperierende Gebäude jedoch z. T. erheblich, weil für diese die Gradtage in hohem Maße von den untersten Spitzen der Gradtagflächen abhängen. Es kommt beispielsweise vor, daß einer der Wintermonate sehr kalt ist, wodurch sich für die auf 5° beheizten Gebäude verhältnismäßig hohe Gradtagzahlen ergeben, während der übrige Teil des Winters normal oder sogar mild ist, wodurch

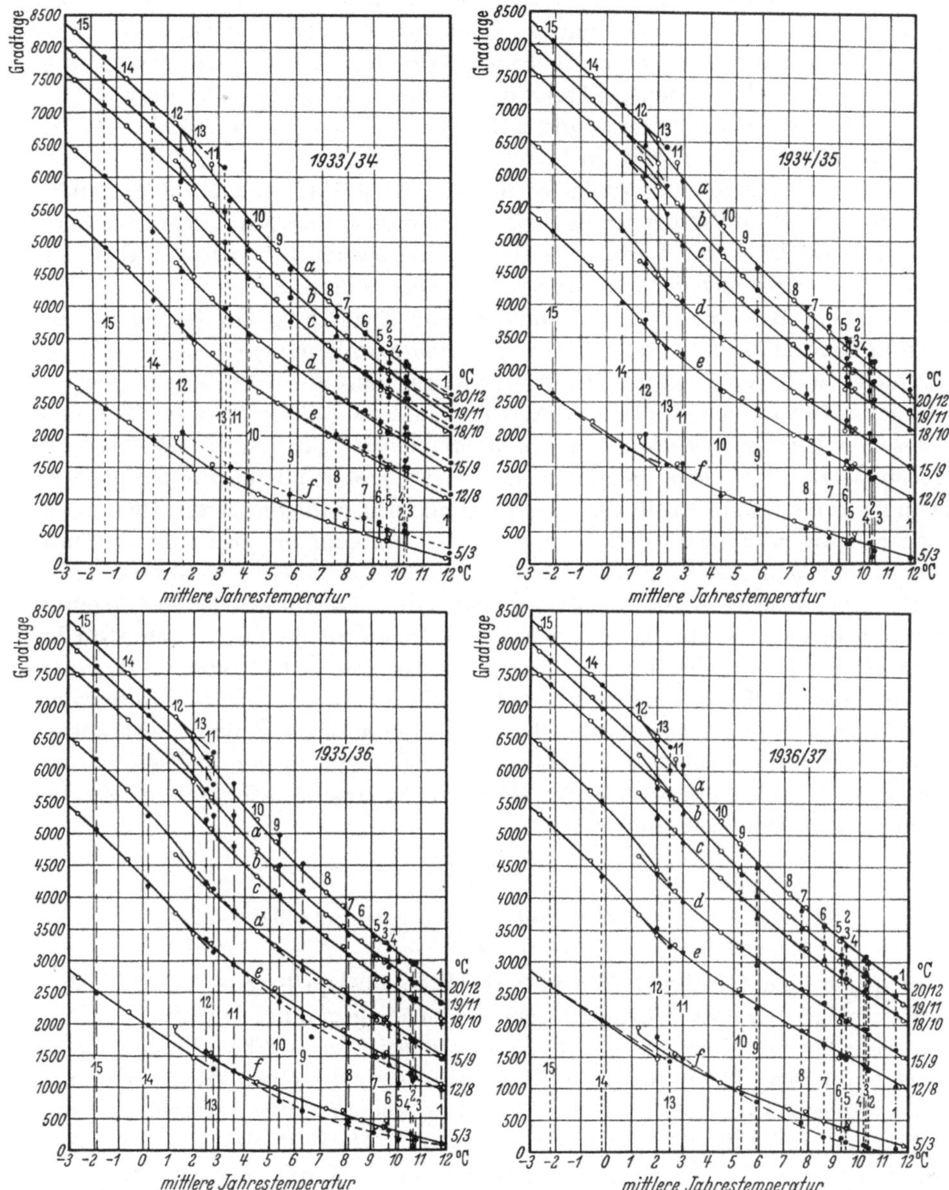

Abb. 37. Die Gradtage für das ganze Gebiet der Schweiz in Abhängigkeit von den mittleren Jahrestemperaturen im Durchschnitt und in den Wintern 1933/34 bis 1936/37. Die Kreise, die ausgezogenen Kurven und die oberen Zahlenbezeichnungen beziehen sich auf die langjährigen Durchschnitte, die schwarzen Punkte, die gestrichelten Kurven und die unteren Zahlenbezeichnungen auf die Einzeljahre.

Es betrifft:

1	Locarno	239 m ü. M.	6	Zürich	493 m ü. M.	11	Davos-Platz	1561 m ü. M.
2	Basel	277 ,, ,,	7	Bern	572 ,, ,,	12	Bevers	1710 ,, ,,
3	Genf	405 ,, ,,	8	St. Gallen	702 ,, ,,	13	Rigikulm	1787 ,, ,,
4	Sitten	549 ,, ,,	9	Engelberg	1018 ,, ,,	14	St. Gotthard	2096 ,, ,,
5	Altdorf	456 ,, ,,	10	La Brévine	1077 ,, ,,	15	Säntis	2500 ,, ,,

die höher zu heizenden Gebäudearten die üblichen Gradtagzahlen aufweisen (siehe Abb. 37, Jahr 1933/34).

Für die Schweiz erscheinen die richtiggestellten Diagramme und außerdem eingehende Temperatur- und Heiztagangaben für die abgelaufenen Heizjahre seit 1933 alljährlich in den Oktobernummern der vom Verein Schweiz. Centralheizungsindustrieller herausgegebenen Schweiz. Bl. f. Hzg. und Lftg. Dadurch ist es möglich, allein an Hand der mittleren Jahrestemperaturen (1. Juli bis 30. Juni), für beliebige Orte und außerdem für beliebige Gebäudearten die Gradtagzahlen nicht nur für den Durchschnitt, sondern auch für die einzelnen Winter mit verhältnismäßig großer Sicherheit anzugeben. Werden ganz genaue Angaben verlangt und stehen für die betreffenden Orte die erforderlichen meteorologischen Grundlagen zur Verfügung, so tut man natürlich besser, die Gradtage in der früher angegebenen Weise auch für die Einzeljahre zu berechnen. In den meisten Fällen der Praxis genügt indessen die Ermittlung auf Grund der bereinigten Gradtagkurven auch für die Einzeljahre vollkommen.

In den erwähnten Veröffentlichungen sind für die unter Abb. 37 angegebenen Vergleichsorte auch jedesmal die Abweichungen der Gradtage und damit des angemessenen Brennstoffbedarfes in Vonhundertteilen von den Mittelwerten angegeben. Dabei läßt sich feststellen, daß diese Abweichungen für die gleichen Gebäudearten an den verschiedenen Orten und ebenso für die verschiedenen Gebäudearten am nämlichen Ort sehr verschieden sein können. Das zeigt, daß man selbst für ein so kleines Land wie die Schweiz nicht allgemein von Wintern reden kann, die viel oder wenig Brennstoff erfordert haben. Es kommt vor, daß an einem Ort in einem warmen aber langen Winter ein Krankenhaus mehr Brennstoff benötigt als im Durchschnitt, während zu temperierende Gebäude, z. B. Großkraftwagen-Einstellräume erheblich weniger oder überhaupt nichts verbrauchen, wenn die Außentemperatur selten oder nie so tief sinkt, daß sie geheizt werden müssen. Aus den erwähnten Jahresveröffentlichungen in den Schweiz. Bl. f. Hzg. und Lftg. ergibt sich z. B., daß der Brennstoffverbrauch in Zürich gegenüber dem Durchschnitt betrug:

In der Heizzeit 1933/34 bei auf 20° beheizten Gebäuden —6,7%
„   „   5°   „   „   +35%
In der Heizzeit 1936/37 bei auf 20° beheizten Gebäuden —5,8%
„   „   5°   „   „   —57%

In den beiden Wintern haben in Zürich also beispielsweise Krankenhäuser rd. 6% weniger, Groß-Kraftwagen-Einstellräume dagegen in der Heizzeit 1933/34 35% mehr, in der Heizzeit 1936/37 57% weniger Brennstoff verbraucht als im Mittel. An andern Orten liegen die Verhältnisse für dieselben Winter aber z. T. wieder wesentlich anders. Besonders auffallend kommen diese Unterschiede auch bei dauernd auf z. B. 8° und nur während den Gottesdiensten auf etwa 12° beheizten Kirchen zum Ausdruck, indem in gewissen Jahren nur ein Drittel oder die Hälfte des durchschnittlichen Brennstoffbedarfes, in andern dagegen ebensoviel mehr verbraucht wird.

Früher war man, namentlich für Orte, an denen sich keine meteorologischen Beobachtungsstellen befinden, oft im unklaren darüber, wie ein Winter in heiztechnischer Beziehung einzuschätzen sei. Der eine bezeichnete ihn als kalt, der andere hielt entgegen, daß er dafür kurz gewesen sei usw. Heute lassen sich alle diese Fragen an Hand der Gradtage mit großer Sicherheit beantworten, was für Hausbesitzer, Hausverwalter, städtische Heizämter usw. von nicht zu unterschätzendem Wert ist und auch bei der Entscheidung von Rechtsstreiten vorzügliche Dienste leistet.

8. Die Gradtagzahlen der einzelnen Monate und anderer Zeitabschnitte.

Unter Abschnitt II 3 c wurde gezeigt, wie die jährlichen Gradtagzahlen nach Abb. 27 durch Zusammenzählen der Monatswerte bestimmt werden können. Die dabei festgestellten monatlichen Gradtagzahlen lassen sich natürlich auch dazu verwenden, um die ungefähre Aufteilung des jährlichen Brennstoffverbrauchs auf die einzelnen Monate vorzunehmen. In bezug auf die Übergangsmonate ist dieses Verfahren allerdings nicht sehr genau, weil die nach den Kurven der mittleren Monatstemperaturen bestimmten Gradtagzahlen, wie unter Abschnitt II 3 c ebenfalls schon erwähnt wurde, gewisse Ungenauigkeiten in sich schließen.

Zahlentafel 29 zeigt beispielsweise die für den langjährigen Durchschnitt für

Zahlentafel 29. Die durchschnittlichen Heiz- und Gradtage Zürichs.

Monate	Mittlere Außentemperatur 1866 bis 1925	Innentemperatur °C 20 / Heizgrenze °C 12		Innentemperatur °C 18 / Heizgrenze °C 10		Innentemperatur °C 12 / Heizgrenze °C 8		Innentemperatur °C 5 / Heizgrenze °C 3	
		Heiztage	Gradtage	Heiztage	Gradtage	Heiztage	Gradtage	Heiztage	Gradtage
Juli	18,0	1	8	—	—	—	—	—	—
		—	—	—	—	—	—	—	—
August ...	17,2	1	8	—	—	—	—	—	—
		—	—	—	—	—	—	—	—
September .	13,9	9	86	4	34	1	6	—	—
		4	33	—	—	—	—	—	—
Oktober...	8,5	25	307	19	220	13	86	2	7
		31	356	24	241	14	71	—	—
November..	3,5	30	485	29	421	26	239	13	59
		30	495	30	435	30	255	11	29
Dezember ..	0,2	31	612	31	547	30	362	22	152
		31	614	31	552	31	366	31	149
Januar ...	—0,9	31	642	31	581	30	395	25	181
		31	648	31	586	31	400	31	183
Februar...	0,9	28	542	28	484	27	314	19	123
		28	535	28	479	28	311	28	115
März	4,2	30	479	29	408	25	220	11	54
		31	490	31	428	31	242	4	9
April....	8,5	24	307	19	223	13	91	2	7
		30	345	25	245	11	53	—	—
Mai	13,0	12	136	8	80	4	23	—	—
		9	78	—	—	—	—	—	—
Juni	16,3	3	33	1	9	—	—	—	—
		—	—	—	—	—	—	—	—
Jahr	8,6	225	3645	199	3007	169	1736	94	583
		225	3594	200	2966	176	1698	105	485

Fett gedruckt: Bestimmt nach den Temperaturhäufigkeiten (1869—1929).
Normal gedruckt: Bestimmt nach den Kurven der mittleren Monatstemperaturen (1866—1925).

Zürich ermittelten Unterschiede, und zwar sowohl in bezug auf die Heiz- als die Gradtage. Die fettgedruckten Werte sind nach den Temperaturhäufigkeiten 1869 bis 1929, die normalgedruckten nach den Kurven der mittleren Monatstemperaturen 1866 bis 1925 bestimmt. Ferner enthält Zahlentafel 30 die betreffenden Angaben in bezug auf den Winter 1935/36.

Zahlentafel 30.
Die Heiz- und die Gradtage Zürichs im Winter 1935/36.

	Innentemperatur °C							
	20		18		12		5	
	Heizgrenze °C							
	12		10		8		3	
	Heiz-tage	Grad-tage	Heiz-tage	Grad-tage	Heiz-tage	Grad-tage	Heiz-tage	Grad-tage
September 1935	**2**	**19**	—	—	—	—	—	—
	—	—	—	—	—	—	—	—
Oktober 1935	**26**	**299**	**17**	**191**	**9**	**68**	**1**	**3**
	28	291	18	169	6	26	—	—
November 1935	**30**	**435**	**30**	**378**	**25**	**176**	**5**	**19**
	30	435	30	375	30	195	5	15
Dezember 1935	**31**	**632**	**31**	**561**	**31**	**384**	**26**	**162**
	31	632	31	570	31	384	31	167
Januar 1936	**31**	**490**	**31**	**421**	**27**	**234**	**10**	**37**
	31	490	31	428	31	242	8	20
Februar 1936	**29**[1]	**531**	**29**[1]	**460**	**28**	**292**	**15**	**98**
	29[1]	531	29[1]	473	29[1]	299	29[1]	96
März 1936	**27**	**375**	**19**	**253**	**19**	**142**	**5**	**14**
	31	409	31	347	31	161	4	10
April 1936	**25**	**314**	**17**	**198**	**12**	**87**	**4**	**10**
	30	354	24	221	12	50	—	—
Mai 1936	**8**	**82**	**4**	**38**	**1**	**11**	—	—
	4	34	—	—	—	—	—	—
Juni 1936	**5**	**55**	**4**	**38**	**2**	**8**	—	—
	—	—	—	—	—	—	—	—
Winter 1935/36	**214**	**3233**	**182**	**2538**	**154**	**1402**	**66**	**343**
	214	3176	194	2583	170	1357	77	308

[1] Schaltjahr.

Fett gedruckt: Für 18° Innentemperatur bestimmt nach dem Energieverbrauch des Versuchshäuschens (vgl. Abschnitt II 1), für die übrigen Innentemperaturen entsprechend den Tagen mit unter den Heizgrenzen liegenden mittleren Tagestemperaturen.

Normal gedruckt: Bestimmt nach den Kurven der mittleren Monatstemperaturen 1935/36.

Diese Gegenüberstellungen lassen die erwähnten Unsicherheiten deutlich in Erscheinung treten, zeigen aber gleichzeitig auch, daß es sich mehr nur um eine Verschiebung zwischen den einzelnen Monaten handelt, während die Jahreswerte, für höhere Innentemperaturen wenigstens, nahezu miteinander übereinstimmen. Über die sich derart ergebende Verteilung des Brennstoffverbrauchs auf die einzelnen Monate habe ich eine eingehende Arbeit in den Schweiz. Bl. f. Hzg. und Lftg. vom April und Juli 1935 veröffentlicht. Die Untersuchungen beziehen sich außer auf die Schweiz auch auf zahlreiche Orte des Auslandes mit wesentlich anderen klimatischen Verhältnissen. Ich unterlasse es, das dort Gesagte hier zu wiederholen.

Statt für die einzelnen Monate muß die Aufteilung des jährlichen Brennstoffverbrauches bisweilen auch für andere Zeitabschnitte durchgeführt werden. Diese Bestimmungen lassen sich an Hand der Gradtage ebenfalls ohne weiteres vornehmen wie folgendes Beispiel zeigt:

In einem Mietshaus in Schaffhausen habe am 12. Februar 1934 ein Wohnungswechsel stattgefunden. Der Hausverwalter muß die Brennstoffkosten des Winters 1933/34 entsprechend diesem Zeitpunkt auf die beiden Mieter verteilen. Die Gradtagzahl für Schaffhausen und den Winter 1933/34 beträgt bei 20° Innentemperatur und 12° Heizgrenze nach Abb. 38

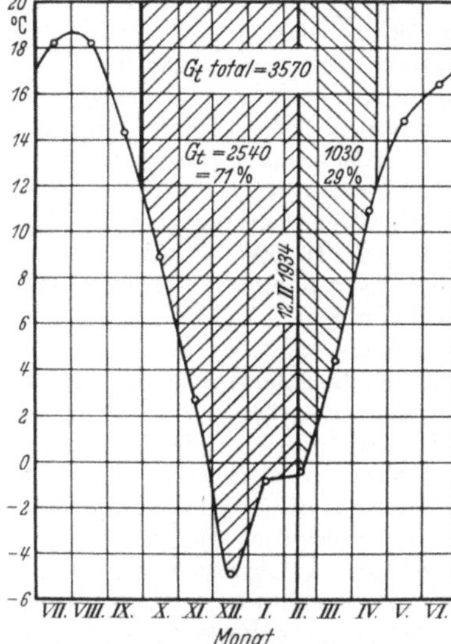

Abb. 38. Die Gradtagfläche 1933/34 für Schaffhausen, bezogen auf 20° Innentemperatur und 12° Heizgrenze, unterteilt in die Zeit vom Beginn der Heizzeit bis zum 12. Februar 1934 und von da an bis zum Ende der Heizzeit.

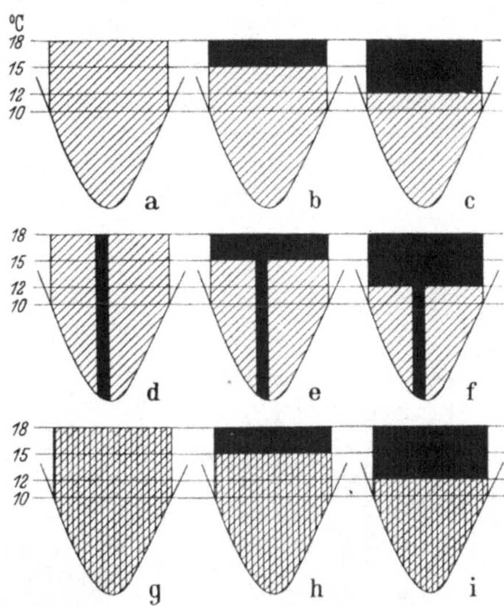

Abb. 39. Die Gradtagflächen (von links unten nach rechts oben schraffiert) einer auf 18° beheizten Turnhalle. Die schwarz angelegten Teile sind bei 15 bzw. 12° Raumtemperatur und bei vorübergehender Nichtbeheizung des Saales abzuziehen.

3570, und es entfallen davon auf die Zeit vom Herbst 1933 bis zum 12. Februar 1934 2540, auf den Rest des Winters 1030 Gradtage. Danach hat der ausgezogene Mieter 71%, der zugezogene 29% der Jahresbrennstoffauslagen zu bezahlen.

In einfacher Weise können auch aus der Heizzeit ausfallende Tage oder längere Zeitabschnitte berücksichtigt werden, indem man die Gradtagflächen um die in Wegfall kommenden Flächen verkleinert.

Abb. 39 bezieht sich beispielsweise auf eine freistehende Turnhalle, die auch für Vorträge, Theateraufführungen, Versammlungen, Vereinsanlässe usw. dienen soll, d. h. fast ständig benutzt wird. Bei 200 jährlichen Heiztagen, 18° Raumtemperatur und 10° Heizgrenze sei die Gradtagzahl 3000 und der jährliche Koksverbrauch im Mittel 12 000 kg. Man bestimme, wie groß er wird bei nur 180 Heiztagen und 18, 15, sowie 12° Raumtemperatur, wobei angenommen werde, daß die 20 ausfallenden Tage auf die Zeit vom 20. Dezember bis 8. Januar, d. h. auf eine Zeit großer Kälte fallen, für welche die mittlere Außentemperatur sich aus den Gradtagbildern Abb. 39 zu —0,5° ergebe, so daß der mittlere Temperaturunterschied zwischen innen und außen bei 18° Raumtemperatur für diese Zeit 18,5° wird. Dann findet man nach den in Abb. 39 von links unten nach rechts oben schraffierten Flächen die in Zahlentafel 31 angegebenen Gradtage und entsprechenden Koksmengen. Allerdings werden die Unterschiede im Brennstoffbedarf in Wirklichkeit etwas kleiner ausfallen, weil bei Nichtbenutzung solcher Räume gewöhnlich schwach weitergeheizt wird und nach der Abkühlung zum Wiederaufheizen verhältnismäßig viel Brennstoff erforderlich ist. Die jeweils zutreffenden Verhältnisse sind natürlich von Fall zu Fall zu berücksichtigen.

Zahlentafel 31.
Gradtage und Brennstoffverbrauch
entsprechend Abb. 39.

Nach Figur	Innentemperatur °	Heiztage	Gradtage	Jährlicher Koksverbrauch kg
a	18	200	3000	12 000
b	15	200	2400	9 600
c	12	200	1800	7 200
d	18	180	2630	10 520
e	15	180	2090	8 360
f	12	180	1550	6 200

Sind die 20 Tage, an denen nicht geheizt wird, gleichmäßig über die ganze Heizzeit verteilt, indem es sich beispielsweise um die Sonntage handelt, so ergeben sich folgende Werte:

g	18	180	2700	10 800
h	15	180	2160	8 640
i	12	180	1620	6 480

Die Abb. 40 und 41 beziehen sich auf zwei weitere derartige Fälle. Bei Abb. 40 handelt es sich um die Bestimmung des durchschnittlichen Brennstoffbedarfes eines Ferienhauses in Davos, das von Mitte Dezember bis Mitte Februar bewohnt und daher auf 18° beheizt, in der übrigen Zeit dagegen, zur Vermeidung von Einfriergefahr, nur auf 5° temperiert werden soll. Die in Frage kommende Gradtagfläche ist schwarz angelegt. Sie umfaßt 2300 Gradtage, während bei ständiger Beheizung auf 18° nach Zahlentafel 16 5080 Gradtage in Betracht kämen und im gleichen Verhältnis stehen die Brennstoffbedarfe zueinander, d. h. es brauchte beim ständigen Bewohnen des Hauses gegenüber der angegebenen Bewohnungsart mehr als doppelt soviel Brennstoff.

Abb. 41 betrifft ein Krankenhaus in Zürich. Bis 8° Außentemperatur soll die erforderliche Heizwärme durch Kokskessel aufgebracht, die hinzukommende, schwarz angelegte Kältespitze dagegen mittels Ölfeuerung gedeckt werden. Bei 20° Innentemperatur und 12° Heizgrenze umfaßt die gesamte Gradtagfläche nach Zahlentafel 16 3590 Gradtage. Die entsprechende Koksmenge für Raumheizung allein (d. h. ohne Warmwasserbereitung, Koch- und Waschküche, Desinfektion usw.) sei 250 t. Aus Abb. 41 ergibt sich, daß die schwarz angelegte, unter 8° liegende Fläche 990 Gradtage umfaßt. Diesen entspricht somit ein Koksbedarf von

$$\frac{250 \cdot 990}{3590} = \text{rd. 69 t},$$ was nach Zahlentafel 33 umgerechnet, einen Ölbedarf von (69 · 0,56) = rd. 39 t ergibt. Von obigen 250 t sind durch Koks somit noch rd. (250—69) = 181 t zu decken.

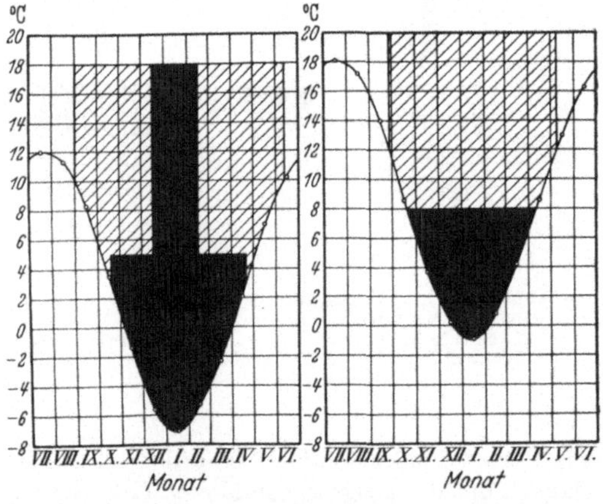

Abb. 40. (Abb. links). Mittlere Gradtagfläche von Davos. Der schwarz angelegte Teil umfaßt die Gradtagfläche von Mitte Dezember bis Mitte Februar bezogen auf 18° Innentemperatur und für die übrige Zeit bezogen auf 5° Innentemperatur bei 3° Heizgrenze.

Abb. 41. (Abb. rechts). Mittlere Gradtagfläche von Zürich. Der schwarz angelegte Teil umfaßt die Gradtagfläche von 8° an abwärts.

III. Die Kühlgradtage.

In ähnlicher Weise wie man die Heizgradtage zur Beurteilung des Heizaufwandes benutzt, ist es möglich, an Hand der Kühlgradtage die Aufwendungen für die Kühlung der Häuser zu ermitteln.

Zur Bestimmung der Kühlgradtage hat man die Kühlgrenze, d. h. die mittlere Tagestemperatur, von der an aufwärts zu kühlen ist, anzunehmen. Für die gemäßigte Zone liegt sie bei etwa 22°. Für subtropische Gegenden oder gar die Tropen ist sie dagegen höher anzusetzen, weil es im Sommer weder angenehm noch zuträglich ist, wenn zwischen dem Freien und dem Innern der Häuser allzu große Temperaturunterschiede bestehen. In vielen Lichtspielhäusern Amerikas ist man in dieser Beziehung anfänglich bekanntlich zu weit gegangen.

Die Kühlgradtage sind nach den Temperaturhäufigkeiten zu bestimmen. Die Kurven der mittleren Monatstemperaturen kommen hierzu nur für die heißesten Gegenden der Erde in Frage. An weniger warmen Orten würden sie zu erheblichen Fehlern führen, weil daselbst die Höchstwerte der Temperaturkurven die Kühlgrenze meist nur wenig übersteigen, bisweilen sogar nicht einmal erreichen, während in Wirklichkeit die Zahl der heißen Einzeltage so groß sein kann, daß künstliche Kühlung in Frage kommt.

Setzt man Raumtemperatur und Kühlgrenze zu 22° an, so ergeben sich z. B. für Zürich an Hand der Temperaturhäufigkeiten für die Heizjahre 1869/70 bis und mit 1928/29 im Mittel 13,2, im Höchstfall 52, im Mindestfall 0 Kühlgradtage und für Lugano sind die betreffenden Zahlen, wenn in Hinsicht auf das wärmere Klima mit 23° Raumtemperatur und Kühlgrenze gerechnet wird, 28,4, 104 und 2.

Um ein Bild davon zu erhalten, wie hoch die Kühlgradtagzahlen in sehr heißen Gegenden ansteigen können, habe ich diejenige für Karthum berechnet, in Ermangelung der Temperaturhäufigkeiten jedoch nach der Kurve der mittleren Monatstemperaturen. Unter der Annahme von 27° Raumtemperatur und Kühlgrenze ergeben sich hierfür im Durchschnitt 1160 Kühlgradtage.

IV. Die rechnerische Bestimmung des angemessenen Brennstoffbedarfes für Heizzwecke.

1. Die dazu dienenden Formeln.

Die heute einwandfreieste Bestimmung des angemessenen Brennstoffbedarfes für Heizzwecke ist diejenige auf Grund der Gradtage. Dazu sind, wie unter Abschnitt II 1 erwähnt wurde, durch sorgfältige und genügend lang durchgeführte Kontrollheizungen die Brennstoffbedarfe je Gradtag festzustellen und mit den in Betracht kommenden Gradtagen zu vervielfachen.

Nun ist die Durchführung solcher Probeheizungen aber nicht immer möglich, z. B. wenn Streitfragen, bei denen es sich um die Feststellung der angemessenen Brennstoffbedarfe handelt, im Sommer entschieden werden müssen. In solchen Fällen kann als Notbehelf zur Rechnung gegriffen und die angemessene Koksmenge nach der Formel

(I)
$$K = \frac{Q_h}{1000} \cdot C \cdot G_t \text{ kg}$$

bestimmt werden.

Darin bedeutet:

Q_h den stündlichen Höchstwärmebedarf der Heizung, bezogen auf die mittlere Tiefsttemperatur t_a des betreffenden Ortes, einschließlich den Rohrleitungsverlusten in kcal/h, jedoch nur in bezug auf diejenigen Räume, welche dauernd beheizt werden;

C den mittleren Koksbedarf je 1000 berechnete kcal/h und Gradtag in kg;
G_t die in Frage kommende Zahl der Gradtage, bezogen auf die angenommene Innentemperatur t_i.

Außerdem ist:

(II)
$$K = \frac{Q_h \cdot (t_i - t_{a1}) \cdot z \cdot St_v}{(t_i - t_a) \cdot H_u \cdot \eta} \text{ kg}$$

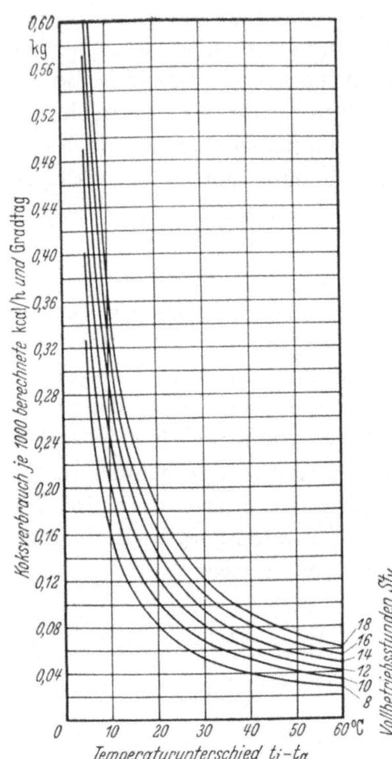

Abb. 42. Der jährliche Koksverbrauch C für 1000 berechnete kcal/h und Gradtag, bei 8 bis 18 täglichen Vollbetriebsstunden St_v und verschiedenen, den Wärmebedarfsberechnungen zugrunde gelegten Temperaturunterschieden $(t_i - t_a)$. Der untere Heizwert des Kokses ist dabei zu $H_u = 7000$ kcal/kg und der mittlere Kesselwirkungsgrad zu $\eta = 70\%$ angenommen.

wenn bedeutet:

Q_h wie vorhin, den stündlichen Höchstwärmebedarf,

z die mittlere Zahl der Heiztage,

t_i die Innentemperatur,

t_a die mittlere Tiefsttemperatur, für welche die Wärmebedarfsberechnung durchgeführt ist,

t_{a_1} die mittlere Außentemperatur, bezogen auf die in Frage kommende Heizdauer,

St_v die Durchschnittszahl der täglichen Vollbetriebsstunden, bezogen auf die mittlere Außentemperatur t_{a_1},

H_u den unteren Heizwert des verwendeten Brennstoffes,

η den mittleren Wirkungsgrad der Kesselanlage.

Wie gezeigt wurde, sind die Gradtage das Produkt aus den Heiztagen und den jeweiligen Temperaturunterschieden zwischen innen und außen. Also läßt sich aus den Gradtagen G_t, der Zahl der Heiztage z und der Innentemperatur t_i auch die mittlere Außentemperatur t_{a_1} für die Dauer der entsprechenden Heizzeit bestimmen nach der Gleichung

(III)
$$t_{a_1} = t_i - \frac{G_t}{z} \text{ °C};$$

Gl. (II) kann somit auch geschrieben werden:

(IV)
$$K = \frac{Q_h \cdot G_t \cdot St_v}{(t_i - t_a) \cdot H_u \cdot \eta},$$

und es ergibt sich aus I und IV der mittlere Brennstoffbedarf je 1000 berechnete kcal/h und Gradtag zu

(V)
$$C = \frac{1000 \cdot St_v}{(t_i - t_a) \cdot H_u \cdot \eta}$$

Danach wurde Abb. 42 aufgezeichnet. Ihr können für beliebige den Wärmebedarfsberechnungen zugrunde gelegte Temperaturunterschiede $(t_i - t_a)$ die in Gl. (I) einzusetzenden Koksverbrauche C entnommen werden. Der untere Heizwert des verwendeten Kokses wurde dabei zu $H_u = 7000$ und der mittlere Kesselwirkungsgrad zu $\eta = 70\%$ angenommen. Bei stark abweichenden Verhältnissen ist C jedoch nicht nach Abb. 42 zu bestimmen, sondern nach Gl. (V) besonders zu berechnen.

2. Die Vollbetriebsstundenzahlen St_v.

Sowohl aus Gl. (V) als Abb. 42 geht hervor, daß die Vollbetriebsstundenzahlen St_v gewählt werden müssen. Dazu bietet Zahlentafel 18 in bezug auf die verschiedenen Gebäudearten Anhaltspunkte. Die daselbst angegebenen Werte sind auf Grund praktischer Erfahrungen ermittelt worden[1]. Dabei ist jedoch zu beachten, daß es sich nur um Mittelwerte handelt. Für Orte mit besonders starker Sonnenstrahlung (z. B. Winterhöhenkurorte) ist eine Verminderung um 1 bis 2 Stunden, für besonders schatten-, nebel- und windreiche Orte eine Erhöhung um 1—2 Stunden vorzunehmen.

Zahlentafel 32.

Beispiele für die Berechnung des angemessenen Koksbedarfes an Hand der Gradtage.

Beispiel	Ort	Gebäudeart	Gruppe	t_i °C	t_a °C [2]	Q_h kcal/h [3]	St_v h [4]	C [5]	G_t [6]	$K = \dfrac{Q_h}{1000} \cdot C \cdot G_t$ kg
I	Zürich . .	Einfamilienhaus . .	c_2	18	—15	20 000	13	0,080	2970	4 750
II	Stuttgart	Schule	c_3	18	—15	100 000	14	0,086	2610	22 400[7]
III	München .	Museum	d	15	—15	400 000	15	0,102	2500	102 000
IV	Berlin . .	Krankenhaus . . .	a	20	—15	800 000	15	0,087	3520	245 000
V	Hamburg.	Rüsthalle	e	12	—10	200 000	15	0,140	1700	47 600
VI	Königsberg	Verwaltungsgebäude	b	19	—20	600 000	15	0,078	3980	186 000
VII	Erfurt . .	Lagerräume	f	5	—20	80 000	15	0,126	600	6 050
VIII	Stettin .	Siedlung mit Fern- heizung	c_5	18	—15	1 000 000	16	0,100	3120	312 000
IX	Breslau .	Wohnung mit Stock- werksheizung . .	c_1	18	—15	10 000	11	0,068	3150	2 140
X	Aachen .	Wohnblock	c_4	18	—10	500 000	15	0,111	2710	150 000

[2] Entsprechend den Regeln für die Berechnung des Wärmebedarfes von Gebäuden DIN 4701 (1929), s. unter Abkürzungen, S. VII.

[3] Entsprechend der Wärmebedarfsberechnung.

[4] Entsprechend Zahlentafel 18.

[5] Entsprechend Abb. 42.

[6] Gesundh.-Ing. vom 10. März 1934, Zahlentafel 1, S. 126/127 und Gesundh.-Ing. vom 26. Mai 1934, Zahlentafel 1, S. 258.

[7] Ohne Abzug für Winterferien, Sonntage usw. Sind diese zu berücksichtigen, so ist G_t entsprechend Abschnitt II 8 zu vermindern.

Zahlentafel 32 enthält einige Beispiele für die rechnerische Bestimmung des durchschnittlichen Brennstoffbedarfes. Dabei sind die Vollbetriebsstundenzahlen nach Zahlentafel 18 eingesetzt. Würde nun z. B. dasselbe Krankenhaus, wie es unter Beispiel IV für Berlin angenommen ist, auf den Brocken versetzt, wo nach den Regeln DIN 4701[8] ebenfalls mit $t_a = -15°$ zu rechnen ist, so wäre der größte stündliche Wärmebedarf auch hier etwa 800 000 kcal/h. Die Zahl der Gradtage ist aber für 20° Innentemperatur und 12° Heizgrenze nach Zahlentafel 27 für den Brocken 6480 gegen 3520 für Berlin. Anderseits kommt man bei sonniger Lage auf dem Brocken nach dem vorstehend Gesagten vielleicht mit 13 Vollbetriebsstunden (gegen 15 in Berlin) aus, so daß entsprechend Abb. 42 C = 0,075 anzunehmen ist. Damit ergibt sich die erforderliche Koksmenge auf dem Brocken zu

$$K = \frac{800\,000}{1000} \cdot 0,075 \cdot 6480 = 390\,000 \text{ kg}.$$

[1] Vgl. Schweiz. Bl. f. Hzg. und Lftg. Bd. 2 (1935) S. 14.

[8] Schmidt, E.: Regeln für die Berechnung des Wärmebedarfes von Gebäude, S. 14. Berlin: Beuth-Verlag G. m. b. H. Ausgabe 1929.

Es ist bekannt, daß bei der Berechnung des stündlichen Höchstwärmebedarfes Q_h aus Sicherheitsgründen ungünstige Annahmen betreffend den Wärmeleitzahlen der Umfassungswände und den Witterungsverhältnissen getroffen werden, die, wenn sie alle zusammenfallen würden, 24 stündigen Vollbetrieb der Heizungen zur Folge hätten. Und zwar wäre dies auch bei wärmeren als den den Wärmebedarfsberechnungen zugrunde gelegten Außentemperaturen der Fall, sofern die Temperaturen des Vorlaufwassers der Warmwasserheizungen entsprechend herabgesetzt werden. In Wirklichkeit treffen die ungünstigen Einflüsse aber nie oder doch nur ganz ausnahmsweise zusammen, auch wird vorübergehend oft mit höheren als den den mittleren Außentemperaturen entsprechenden Vorlauftemperaturen geheizt. Daher kommt es, daß meist mit erheblich weniger als 24 Vollbetriebsstunden ausgekommen wird. Die Verminderung ist um so größer, je günstiger die Witterungsverhältnisse sind (viel Sonne, wenig Wind) und je mehr gespart wird, indem die Heizungen über Nacht und bei Sonnenschein gedrosselt oder ganz abgestellt, und die Heizkörper in unbenützten Zimmern dauernd außer Betrieb gesetzt werden. Darum sind beispielsweise für besonders aufmerksam bediente Stockwerksheizungen nach Zahlentafel 18 nur etwa elf, für Fernheizungen mit ihren verhältnismäßig großen Verlusten dagegen bis zu sechzehn und noch mehr Vollbetriebsstunden einzusetzen. Bei gewissen Werkstätten und Lagerräumen, ferner für Kraftwagen-Einstellräume, Gewächshäuser (Kalthäuser), dauernd zu temperierende Kirchen usw. ist die Unsicherheit der anzunehmenden Vollbetriebsstunden besonders groß, weshalb hierfür in Zahlentafel 18 St_v zu 10 bis 15 angegeben ist. Es bleibt eben nichts übrig, als von Fall zu Fall möglichst den Betriebsverhältnissen entsprechende Annahmen zu treffen.

3. Die Umrechnung von Koks auf Anthrazit, Öl und Gas.

Wird nicht Koks, sondern ein anderer Brennstoff, wie Anthrazit, Öl oder Gas verfeuert, so kann zur Bestimmung des Verbrauches so vorgegangen werden,

Zahlentafel 33.

Verhältniszahlen x zum Umrechnen des Verbrauches von Koks auf Anthrazit, Öl und Gas.

Anthrazit mit einem ⎱ $H_u =$ 8000 kcal/kg $x = 0{,}88$
unteren Heizwert von ⎰ $H_u =$ 7500 ,, $x = 0{,}93$

Öl mit einem unteren ⎱ $H_u =$ 10000 ,, $x = 0{,}56$
Heizwert von ⎰

Gas mit einem unteren ⎸ $H_u =$ 4500 kcal/m³ $x = 1{,}24$
Heizwert von ⎸ $H_u =$ 4000 ,, $x = 1{,}40$
⎸ $H_u =$ 3500 ,, $x = 1{,}60$

II. Bei Stockwerksheizungen, entsprechend Gebäudegruppe c_1 bei:

Gas mit einem unteren ⎱ $H_u =$ 4500 kcal/m³ . $x = 1{,}35$
Heizwert von ⎸ $H_u =$ 4000 ,, . $x = 1{,}52$
⎰ $H_u =$ 3500 ,, . $x = 1{,}73$

Dabei sind folgende Wirkungsgrade zugrunde gelegt:

Bei Sammelheizung mit Koksfeuerung . . . $\eta = 56\%$
,,   ,,   ,, Ölfeuerung . . . . . $\eta = 70\%$
,,   ,,   ,, Gasfeuerung . . . . $\eta = 70\%$
,, Stockwerksheizung mit Koksfeuerung . . $\eta = 65\%$
,,   ,,   ,, Gasfeuerung . . $\eta = 75\%$

daß zuerst der angemessene Koksbedarf festgestellt und dieser mit den in
Zahlentafel 33 angegebenen Verhältniszahlen vervielfacht wird. Die zur Erlangung dieser Zahlen zugrunde gelegten Wirkungsgrade sind in Zahlentafel 33
ebenfalls angegeben[1]. Handelt es sich um die Aufstellung von Einzelgasheizöfen
in den beheizten Räumen, statt um gasbefeuerte Stockwerksheizungen, so kann
unter Voraussetzung von ungefähr gleicher Wohnbehaglichkeit der Gasver-
brauch noch um rd. 7% kleiner angenommen werden[2].

V. Vom Einfluß der Sonne.

Die Benützung der Gradtage zur Bestimmung des angemessenen Brennstoffbedarfes hat sich, wie erwähnt, in der Praxis als sehr zweckdienlich erwiesen,
besonders wenn genügend lange Kontrollheizungen vorgenommen werden können,
in denen außer der Temperatur auch die andern Witterungseinflüsse wie Sonne,
Wind, Wärmeabstrahlung in klaren Nächten, ungleiche Durchnässung der
Mauern bei Schlagregen usw. zur Geltung kommen. Dann ergeben sich gute
Durchschnittswerte für den Brennstoffverbrauch je Gradtag, die, sofern am Heiz-
betrieb nichts geändert wird, unbedenklich auf beliebige andere Zeitabschnitte,
also auch auf andere Winter, übertragen werden können.

1. Beobachtungen an den Versuchshäuschen (Abb. 23 u. 24).

Die Versuche an dem Versuchshäuschen (Abb. 23) haben u. a. ergeben, daß
für massiv gebaute Häuser mit gleichmäßigem Wärmebedarf für Zürich und Orte
mit ähnlich dunstigem Winterklima, in den eigentlichen Wintermonaten zwei- bis
dreiwöchentliche Kontrollheizungen vollkommen genügen. Entspricht die Witterung in heiztechnischer Beziehung ungefähr dem Durchschnitt, so reichen sogar
schon wenige Tage aus, um ein zuverlässiges Resultat zu erlangen, während bei
einseitigen Witterungsverhältnissen, z. B. andauernder starker Sonneneinwirkung
in den Übergangszeiten, oder starken Außentemperaturänderungen, die Ergebnisse
in so kurzen Zeitabschnitten zu ungenau ausfallen. Die Versuche haben gezeigt,
daß dabei z. T. erhebliche Abweichungen im Energiebedarf je Gradtag auftreten
können und in noch stärkerem Maße gilt das natürlich für Einzeltage. Es geht
daher auch nicht an, den täglichen Brennstoffbedarf der Heizungen auf Grund
der Außentemperaturen allein bemessen zu wollen. Bei der Bauausführung
(Abb. 24) trat dieser Umstand, der großen Fenster wegen, besonders stark in
Erscheinung. In den Abb. 43 und 44 sind die täglichen Energieverbrauche der
beiden elektrisch beheizten Versuchshäuschen, bezogen auf die Temperaturunterschiede zwischen innen und außen, aufgetragen, und es zeigt sich deutlich, daß die
Punkte bei der Bauausführung 1936/37 erheblich stärker streuen. Bei z. B. 11°
Temperaturunterschied schwankte der Energieverbrauch bei der Bauausführung
1935/36 zwischen ungefähr 4,3 und 7,6 kWh, bei der Bauausführung 1936/37
dagegen zwischen etwa 4,1 und 11,6 kWh je Tag. Im Verlauf der ganzen

---

[1] Vgl. diesbezüglich auch Hottinger: Brennmaterialverbrauch und Betriebskosten von
Zentralheizungen in Wohnhäusern bei verschiedenen Feuerungsarten. Gesundh.-Ing. Bd. 56
(1933) S. 301/306.

[2] Vgl. Hottinger: Raumheizung mittels Einzel-Gasheizöfen. Gesundh.-Ing. Bd. 56
1933) S. 434/440.

Winter waren die Energieverbrauche je Gradtag bei der Bauausführung 1935/36
0,37 bis 0,87, im Mittel 0,55, bei der Bauausführung 1936/37 0,28 bis 1,07, im
Mittel 0,70 kWh. Die großen Unterschiede glichen sich erst in längeren Zeit-

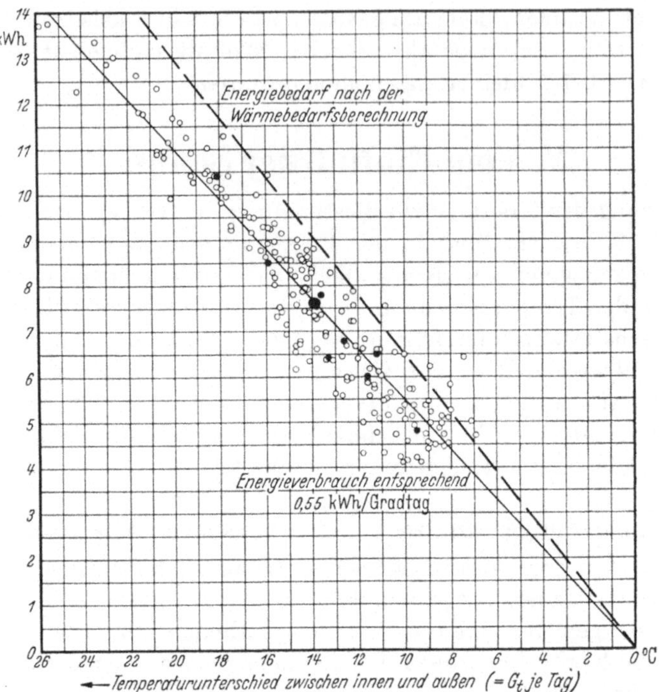

Abb. 43. Die täglichen Energieverbrauche der Bauausführung 1935/36
des Versuchshäuschens (Abb. 23) bei verschiedenen Temperaturunterschieden zwischen innen und außen.
Die Kreise beziehen sich auf die einzelnen Tage, die kleinen schwarzen
Punkte auf die Monate und der große schwarze Punkt auf die ganze
Heizzeit. Ferner entspricht die gestrichelte Gerade dem durch die Wärmebedarfsberechnung ermittelten Energiebedarf, die ausgezogene dem durch
die Versuche festgestellten Jahresdurchschnitt von 0,55 kWh je Gradtag.

abschnitten weitgehend genug aus. So war z. B., wie aus Zahlentafel 34 hervorgeht, der durchschnittliche Energieverbrauch, bezogen auf die Bauausführung
1935/36, im Oktober 0,58, im November 0,54, im Dezember 0,57, im Januar 0,58,
im Februar 0,54, in dem nur 19 Heiztage und eine ungewöhnlich hohe Sonnenscheindauer aufweisenden März allerdings nur 0,48, dagegen im April wieder 0,51. Bei
der Bauausführung 1936/37 waren die Abweichungen in den Übergangsmonaten
noch größer, in den eigentlichen Wintermonaten dagegen wieder sehr klein, indem
der Energieverbrauch je Gradtag betrug: im November 0,74, Dezember 0,76,
Januar 0,72 und Februar 0,75. Das zeigt, daß die Brennstoffverbrauche je Gradtag
mit für die Praxis genügender Genauigkeit für die ganzen Winter, selbst für
Häuser, deren Außenwände zur Hauptsache aus Glas bestehen, als gleichbleibend
angenommen werden können, denn in den Wintern gleichen sich Sonnenscheindauer, Windweg und die übrigen Nebeneinflüsse in noch weitgehenderem Maße
aus als in den einzelnen Monaten.

Um diese Verhältnisse möglichst einwandfrei abzuklären, habe ich im Winter
1935/36 außer dem Heizstromverbrauche des Versuchshäuschens auch den Koks-

verbrauch eines Wohnhauses in Zürich durch tägliche Abwägung der verfeuerten Koksmengen genau festgestellt. Die Monatsergebnisse sind in Zahlentafel 34 ebenfalls angegeben, und zwar für die gleichen Heiztage, für die auch der Energie

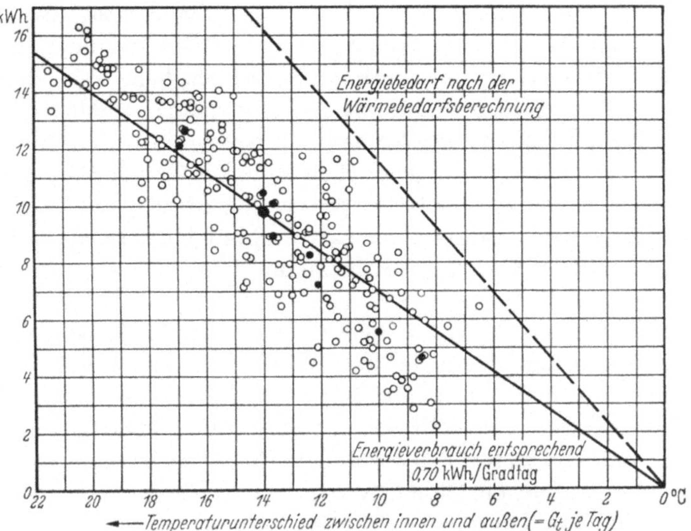

Abb. 44. Die täglichen Energieverbrauche der Bauausführung 1936/37 des Versuchshäuschens (Abb. 24) bei verschiedenen Temperaturunterschieden zwischen innen und außen.
Die Kreise beziehen sich auf die einzelnen Tage, die kleinen schwarzen Punkte auf die Monate und der große schwarze Punkt auf die ganze Heizzeit. Ferner entspricht die gestrichelte Gerade dem durch die Wärmebedarfsberechnung ermittelten Energiebedarf, die ausgezogene dem durch die Versuche festgestellten Jahresdurchschnitt von 0,70 kWh je Gradtag.

Zahlentafel 34.

Vergleich des Energieverbrauches des Versuchshäuschens mit dem Koksverbrauch der Heizung des Wohnhauses Parkring 49, Zürich 2.

Monat	Gradtage		Heizstromverbrauch des Versuchshäuschens[1]			Koksverbrauch des Wohnhauses[2]		
	Ins-gesamt	%	Insgesamt kWh	%	Je Gradtag kWh	Insgesamt kg	%	Je Gradtag kg
1935								
Oktober . .	191	7,5	110,22	8,0	0,58	233,5	7,5	1,22
November. .	378	14,9	203,38	14,6	0,54	474,5	15,3	1,25
Dezember .	561	22,1	321,90	23,2	0,57	686,3	22,1	1,22
1936								
Januar . .	421	16,6	242,78	17,5	0,58	532,1	17,2	1,24
Februar. . .	460	18,2	246,47	17,8	0,54	561,1	18,1	1,22
März	253	9,9	122,37	8,8	0,48	308,6	9,9	1,22
April	198	7,8	101,54	7,3	0,51	220,6	7,1	1,11
Mai	38	1,5	19,00	1,4	0,50	rd. 44,4[3]	1,4	1,17
Juni	38	1,5	19,34	1,4	0,51	rd. 44,0[3]	1,4	1,16
Insgesamt, bzw. Mittel	2538	100,0	1387,00	100,0	0,55	3105,1	100,0	1,21

[1] Unter Ausschluß aller Tage mit weniger als 4 kWh Energieverbrauch.

[2] Unter Einbezug der gleichen Heiztage wie beim Versuchshäuschen.

[3] Für den 22. und 23. Mai, sowie die 4 Heiztage im Juni ist der Koksverbrauch auf Grund

verbrauch des Versuchshäuschens und die Gradtage ermittelt worden sind. Man sieht, daß die monatlichen Verbrauche je Gradtag beim Wohnhaus ebenfalls nur in engen Grenzen schwanken und außerdem, daß die vonhundertteilige monatliche Aufteilung des Koksverbrauches in verhältnismäßig sehr guter Übereinstimmung mit derjenigen des Energieverbrauches des Versuchshäuschens, sowie mit derjenigen der Gradtage ist. Daß die Koksverbrauche beim Wohnhaus sogar noch gleichmäßiger ausgefallen sind, als die Energieverbrauche beim Versuchshäuschen, ist begreiflich, weil das erstere eine gegen Wind und Sonne erheblich geschütztere Lage aufweist. Kennzeichnend für die dadurch bedingten Unterschiede ist z. B. der Umstand, daß in dem sehr sonnenreichen Monat März der Energieverbrauch des Versuchshäuschens mit nur 0,48 kWh je Gradtag erheblich unter dem Durchschnitt von 0,55 kWh liegt, während der Koksverbrauch des schattiger gelegenen Wohnhauses mit 1,22 kg je Gradtag fast genau mit dem Durchschnitt von 1,21 zusammenfällt.

Im gleichen Wohnhaus habe ich bereits im Winter 1933/34 während verschiedenen Zeitabschnitten Versuche durchgeführt und die Ergebnisse auf den S. 31 und 32 der Schweiz. Bl. f. Hzg. und Lftg. vom April 1934 veröffentlicht. Bezogen auf 18° Innentemperatur, stellte ich damals im Mittel 1,21 kg Koksverbrauch je Gradtag fest, während sich für den Winter 1935/36 durchschnittlich ebenfalls 1,21 kg und in bezug auf die einzelnen Monate 1,11—1,25 kg ergeben haben. Eine bessere Übereinstimmung kann nicht erwartet werden.

Rechnet man die Gradtage und den Energie-, bzw. den Koksverbrauch für sämtliche Tage der Monate Oktober bis und mit April aus, an denen der Heizkessel des Wohnhauses im Betrieb gestanden hat, so fällt in den Übergangsmonaten der Energieverbrauch des Versuchshäuschens je Gradtag etwas kleiner, der Koksverbrauch des Wohnhauses dagegen größer aus, als in Zahlentafel 34 angegeben, was auf Grund des vorstehend Gesagten leicht verständlich ist. Vom 2. Oktober 1935 bis und mit 30. April 1936 ergeben sich hierfür 212 Tage,

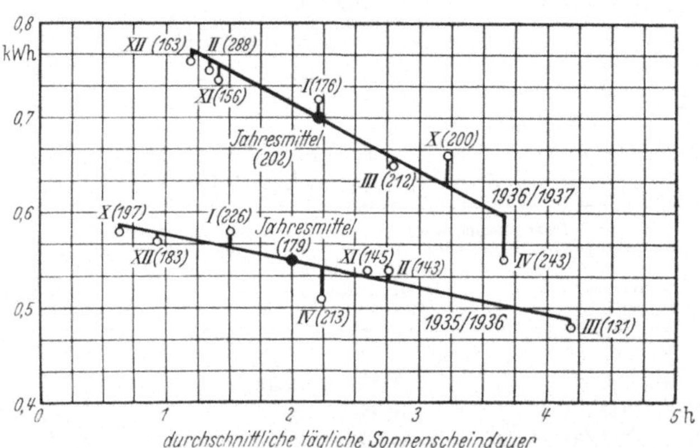

Abb. 45. Mittlere monatliche Energieverbrauche in kWh je Gradtag vom Oktober bis und mit April, in Abhängigkeit von den durchschnittlichen täglichen Sonnenscheindauern. In Klammern sind die durchschnittlichen täglichen Windwege angegeben. Die Werte beziehen sich ausschließlich auf die Heiztage.

2661 Gradtage und beim Versuchshäuschen 0,54 gegen 0,55 kWh Energieverbrauch, beim Wohnhaus dagegen 1,26 gegen 1,21 kg Koksverbrauch je Gradtag. Diese Zahlen weisen auf die schon erwähnte Tatsache hin, daß bei Koksfeuerung in der Regel in den Übergangszeiten unnötig viel Brennstoff verfeuert wird, weshalb

---

der früheren Feststellungen schätzungsweise eingesetzt, da an einigen dieser Tage nur noch örtlich geheizt und auch an den übrigen Tagen der Koksverbrauch der Sammelheizung nicht mehr abgewogen wurde.

nicht nur mehr Heiztage zu berücksichtigen sind, sondern auch die Koksverbrauche je Gradtag höher ausfallen. Anderseits hätte Ölfeuerungsbetrieb (namentlich vollselbsttätiger) wohl ziemlich genau mit den in Zahlentafel 34 angegebenen Verhältnissen übereingestimmt. Bei der rechnerischen Ermittlung des angenäherten Brennstoffbedarfes nach der Gradtagtheorie wird das Gesagte, wie unter Abschn. IV 2 gezeigt wurde, durch die angemessene Wahl der täglichen Vollbetriebsstunden berücksichtigt.

Obschon durch die vorstehend erwähnten Feststellungen die Aufgabe der Versuche eigentlich erfüllt war, habe ich aus wissenschaftlichen Gründen doch noch danach getrachtet, die Einflüsse der Sonne und des Windes auf den Heizstromverbrauch je Gradtag so gut als möglich festzustellen. In Abb. 45 sind zu dem Zweck z. B. die mittleren monatlichen Energieverbrauche je Gradtag vom Oktober bis und mit April in Abhängigkeit von den durchschnittlichen täglichen Sonnenscheindauern aufgetragen und in Klammern auch die durchschnittlichen täglichen Windwege in Kilometern angegeben. Daraus geht hervor, daß die Sonne die Hauptursache für die Veränderlichkeit der monatlichen Energieverbrauche je Gradtag darstellt. Daß die Punkte nicht genau auf die eingezeichneten Durchschnittslinien fallen, kommt daher, weil, wie schon bemerkt, noch weitere Einflüsse wie Wind, Wärmeabstrahlung in klaren Nächten, ungleiche Durchfeuchtung der Mauern zufolge von Schlagregen, Wärme- und Kältespeichervermögen der Mauern u. a. m. mit im Spiele gewesen sind. Man kann Abb. 45 entnehmen, daß es für genaue Aufteilungen des jährlichen Brennstoffverbrauches auf die einzelnen Monate angezeigt ist, den Verbrauch je Gradtag entsprechend den für die einzelnen Monate festgestellten Sonnenscheindauern zu verändern. Allerdings ist zu beachten, daß das Versuchshäuschen eine außergewöhnliche, allen Witterungseinflüssen aufs Äußerste angesetzte Lage aufwies und daß bei der Bauausführung 1936/37 die Fenster außerdem übertrieben groß ausgeführt wurden, um ihren Einfluß besonders deutlich in Erscheinung treten zu lassen. Wenn die aus Abb. 45 zu ziehenden Schlüsse auf bewohnte Gebäude mit geschützteren Lagen übertragen werden sollen, so ist es daher angezeigt, die durchschnittlichen monatlichen Energieverbrauche je Gradtag mit zunehmenden Sonnenscheindauern weniger stark abnehmen zu lassen, als wie die Mittellinien in Abb. 45 dies zum Ausdruck bringen. In bewohnten Gebäuden kommt außer der geschützteren Lage noch hinzu, daß man in den Übergangszeiten des Kältespeichervermögens der Mauern, des Windeinflusses und anderer Umstände wegen vielfach auch an Zwischentagen heizt, die, entsprechend den mittleren Außentemperaturen, nicht eigentlich unter die Heiztage fallen, was den Brennstoffbedarf erhöht, während anderseits an sehr sonnigen Tagen einer starken Erwärmung der Räume durch das Herunterlassen von Sonnenstoren begegnet, also auch dadurch eine ausgleichende Wirkung erzielt wird.

Um die Einflüsse der Sonne, unter bestmöglicher Ausschaltung derjenigen des Windes kenntlich zu machen, habe ich in Abb. 46 die Energieverbrauche je Gradtag für sämtliche Heiztage (und durch schwarze Punkte angegeben auch für die Nichtheiztage der Monate Oktober und April) mit unter 100 km liegenden Windwegen in Abhängigkeit von den täglichen Sonnenscheindauern aufgetragen, sowie die Grenzlinien, wie sie sich an Hand der Abb. 46 u. 47 ergeben haben, eingezeichnet. Und in gleicher Weise sind, um den Einfluß des Windes nach bester Möglichkeit unter Ausschluß des Sonneneinflusses in Erscheinung treten zu lassen in Abb. 47 die Energieverbrauche für sämtliche sonnenlosen Tage in Abhängigkeit von den Windwegen aufgetragen worden. Es ist selbstverständlich, daß in Abb. 47 bei etwa 50 km täglichem Windweg die Punkte der Grenzlinien (0,30 und 0,63 kWh

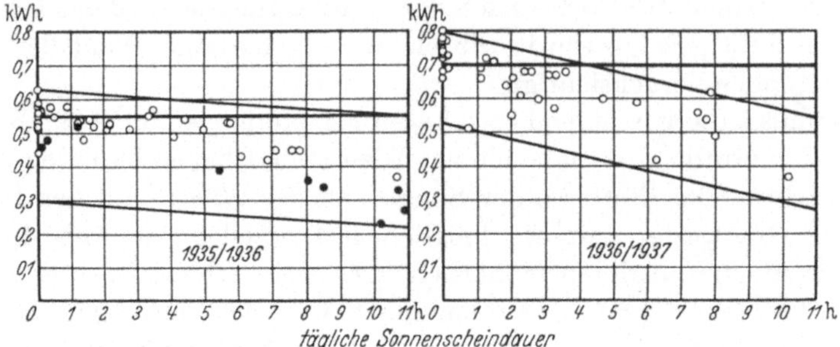

Abb. 46. Energieverbrauche des Versuchshäuschens in kWh je Gradtag an windarmen Tagen mit unter 100 km Windweg und verschiedenen Sonnenscheindauern; links bei der Bauausführung 1935/36, rechts bei der Bauausführung 1936/37. Die schwarzen Punkte beziehen sich auf Nichtheiztage mit Energieverbrauch in den Übergangsmonaten und die dick eingetragenen Querlinien auf die Jahresdurchschnitte unter Einbezug sämtlicher Heiztage.

bei der Bauausführung 1935/36, bzw. 0,53 und 0,8 kWh bei der Bauausführung 1936/37) mit denjenigen der Abb. 46 bei 0 Stunden Sonnenscheindauer übereinstimmen müssen, da es sich beide Male um die gleichen sonnenlosen und windarmen Tage handelt.

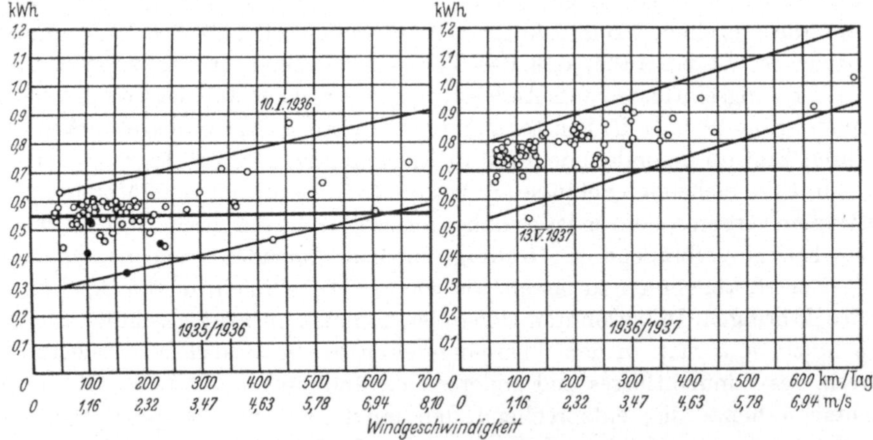

Abb. 47. Energieverbrauche des Versuchshäuschens in kWh je Gradtag an sonnenlosen Tagen mit verschiedenen Windwegen; links bei der Bauausführung 1935/36, rechts bei der Bauausführung 1936/37. Die schwarzen Punkte beziehen sich auf Nichtheiztage mit Energieverbrauch in den Übergangsmonaten und die dick eingetragenen Querlinien auf die Jahresdurchschnitte unter Einbezug sämtlicher Heiztage.

Die Darstellungen zeigen klar, wie bei der Bauausführung 1936/37 zufolge der großen Fenster die Energieverbrauche je Gradtag mit zunehmender Sonnenscheindauer stärker abnehmen, mit zunehmenden Windwegen dagegen stärker steigen als bei der Bauausführung 1935/36.

In Vonhundertteilen ergibt sich unter Verwendung der Mittel zwischen den angegebenen Grenzlinien, daß an windarmen Tagen bei 10 stündiger Sonnenscheindauer der Energiebedarf je Gradtag im Vergleich zu demjenigen an sonnenlosen

Tagen im Durchschnitt gesunken ist: bei der Bauausführung 1935/36 um etwa 17%, bei der Bauausführung 1936/37 dagegen um etwa 35%, während er an sonnenlosen Tagen bei einer Zunahme der durchschnittlichen Windgeschwindigkeit von 0,5 auf 8,0 m/s in beiden Fällen prozentual um nahezu gleich viel, nämlich um etwas über 60% gestiegen ist. In kWh gemessen machen die 60% bei der Bauausführung 1936/37 natürlich mehr aus, weil der Heizwärmebedarf bei 0,5 m/s Windgeschwindigkeit dabei größer ist.

Bisweilen ist es erwünscht, zu wissen, wie lang die Seitenflächen eines Hauses in den verschiedenen Jahreszeiten im Höchstfalle von der Sonne getroffen werden, was natürlich von Fall zu Fall zu bestimmen ist, indem man die Sonnenauf- und -untergangszeiten für den betreffenden Standort, sowie die Zeiten, in welchen die Sonne genau im Norden, Osten, Süden und Westen steht, feststellt. Ich habe diese Bestimmung für das Versuchshäuschen an Hand einer Arbeit von H. Gutersohn[1] und von Angaben der Sternwarte in Zürich durchgeführt und dabei die in Zahlentafel 35 angegebenen Stundenzahlen erhalten. In Abb. 48 sind sie aufgetragen und durch Kurven, so gut als dies ohne die Bestimmung von Zwischenpunkten möglich war, miteinander verbunden.

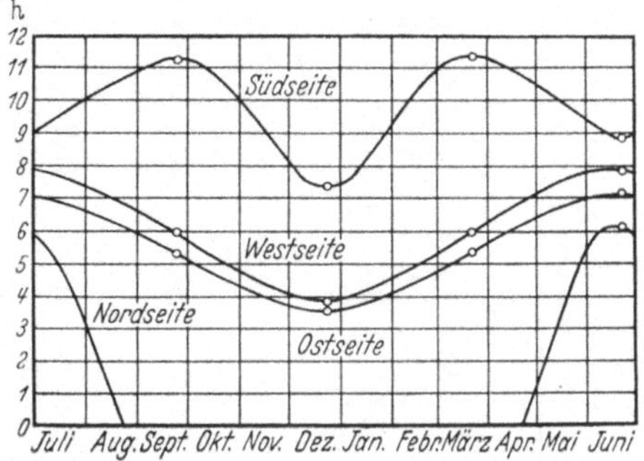

Abb. 48. Mögliche tägliche Dauer der Sonnenbestrahlung der vier Seiten des Versuchshäuschens bei wolkenlosem Himmel.

Daraus ergibt sich, daß die Nordseite des Häuschens bis gegen Ende der

Zahlentafel 35.
Bestimmung der höchstmöglichen Dauer der Sonnenbestrahlung der vier Seiten des Versuchshäuschens.

der	Mögliche Dauer der Sonnenbestrahlung			
	am			
	21. III.	21. VI.	23. IX.	22. XII.
Nordseite	— —	5^{20}—8^{01} und 16^{53}—20^{20} $=6^{\text{h}}08^{\text{m}}$	— —	— —
Ostseite	7^{10}—12^{33} $=5^{\text{h}}23^{\text{m}}$	5^{20}—12^{27} $=7^{\text{h}}07^{\text{m}}$	6^{55}—12^{18} $=5^{\text{h}}23^{\text{m}}$	8^{50}—12^{24} $=3^{\text{h}}34^{\text{m}}$
Südseite	7^{10}—18^{30} $=11^{\text{h}}20^{\text{m}}$	8^{01}—16^{53} $=8^{\text{h}}52^{\text{m}}$	6^{55}—18^{15} $=11^{\text{h}}20^{\text{m}}$	8^{50}—16^{10} $=7^{\text{h}}20^{\text{m}}$
Westseite	12^{33}—18^{30} $=5^{\text{h}}57^{\text{m}}$	12^{27}—20^{20} $=7^{\text{h}}53^{\text{m}}$	12^{18}—18^{15} $=5^{\text{h}}57^{\text{m}}$	12^{24}—16^{10} $=3^{\text{h}}46^{\text{m}}$
Insgesamt mögliche Sonnenscheindauer am Standort des Versuchshäuschens	$11^{\text{h}}20^{\text{m}}$	$15^{\text{h}}0^{\text{m}}$	$11^{\text{h}}20^{\text{m}}$	$7^{\text{h}}20^{\text{m}}$

[1] Gutersohn, H.: Sonnenbestrahlung und Bergschatten auf dem Gebiete der Stadt Zürich. Vierteljahrsschrift der Naturforschenden Gesellschaft in Zürich, Jg. 79, 1934, S. 1.

Zahlentafel 36. Mögliche und mittlere tägliche Sonnenscheindauer.

		Juli	August	Sept.	Okt.	Nov.	Dez.	Januar	Febr.	März	April	Mai	Juni
Zürich													
Mögliche tägliche Sonnenscheindauer	h	14,61	13,45	11,71	9,83	8,24	7,32	7,82	9,26	10,98	12,84	14,22	15,08
Mittlere tägliche Sonnenscheindauer	h	**7,74**	**7,60**	**5,86**	**3,57**	**1,65**	**1,26**	**1,43**	**2,97**	**4,31**	**5,58**	**6,32**	**7,26**
	%	53,0	56,5	50,0	36,3	20,0	17,2	18,3	32,1	39,2	43,5	44,4	48,1
Davos													
Mögliche tägliche Sonnenscheindauer	h	12,14	11,51	9,99	7,73	6,22	5,46	5,86	7,10	9,25	10,82	12,05	12,22
Mittlere tägliche Sonnenscheindauer	h	**6,66**	**6,70**	**5,73**	**4,46**	**3,40**	**2,85**	**3,17**	**3,99**	**4,95**	**5,43**	**5,58**	**5,80**
	%	54,9	58,2	57,4	57,7	54,7	52,2	54,1	56,2	53,5	50,2	46,3	47,5
Lugano													
Mögliche tägliche Sonnenscheindauer	h	13,73	12,95	11,42	9,67	7,91	7,02	7,57	8,94	10,87	12,36	13,54	13,94
Mittlere tägliche Sonnenscheindauer	h	**9,44**	**8,86**	**6,95**	**4,70**	**3,30**	**3,88**	**3,98**	**5,30**	**6,03**	**6,17**	**6,81**	**8,35**
	%	68,7	68,4	60,9	48,6	41,7	55,3	52,6	59,3	55,5	49,9	50,3	59,9

Heizzeit überhaupt keine Sonne erhalten hat und auch dann im Höchstfalle nur bis zu etwa einer Stunde täglich. Die West- und die Ostseite erhielten in den Übergangszeiten 5—7 Stunden, die Südseite sogar 10—11 Stunden Sonne. Im Dezember verminderten sich diese Zeiten für die West- und die Ostseite auf 3½—4 Stunden, während sie für die Südseite immer noch etwa 7½ Stunden betrugen. Beachtlich ist, daß die Bestrahlungszeit der Südseite im Hochsommer bis zu 2½ Stunden kleiner war als zu den Zeiten der Tag- und Nachtgleichen im Frühjahr und im Herbst.

Der Vollständigkeit wegen sei bemerkt, daß die Nord-Südachse des Häuschens um 2½ bis 3° gegen Südosten verdreht war. Zur Überwindung dieses Winkels brauchte die Sonne beim Südstand 6 min, beim Ost- und Weststand dagegen 19 min. Die Besonnungszeiten der einzelnen Flächen sind somit in bezug auf Beginn und Ende in Wirklichkeit etwas andere gewesen, als wenn die Achsen genau den Haupthimmelsrichtungen entsprochen hätten. Der Kleinheit des Verdrehungswinkels wegen war der Einfluß auf die Erwärmung der Räume jedoch nur gering.

Bei den Betrachtungen des Einflusses der Sonne auf die Erwärmung der Gebäude ist nun aber noch der Umstand zu berücksichtigen, daß die bei klarem Himmel mögliche Sonnenscheindauer durch die Bewölkung erheblich, an verschiedenen Orten jedoch ungleich stark, herabgemindert wird. Für die Schweiz mit ihren sehr großen diesbezüglichen Unterschieden geht dies beispielsweise aus Zahlentafel 36 hervor.[1] Während Zürich, 493 m ü. M., im ostschweizerischen

---

[1] Entnommen aus: „Das Klima der Schweiz", Bd. I, S. 90ff.

Mittelland liegt, handelt es sich bei Davos um einen besonders sonnigen Höhenort auf 1561 m ü. M. in Graubünden, während Lugano auf 275 m ü. M. südlich der Alpen gelegen ist. Wie ersichtlich, beträgt die mittlere tägliche Sonnenscheindauer in Zürich im Dezember nur 1,26 Stunden oder 17,2% der möglichen, in Davos dagegen 2,85 Stunden oder 52,2%, während die niedrigsten Werte für Lugano im November mit 3,30 Stunden oder 41,7% auftreten. Daraus geht hervor, daß die Sonne in bezug auf die Verminderung des Heizwärmebedarfes in Davos und Lugano einen größeren Einfluß ausübt als in Zürich, was auch bereits aus den Abb. 15 u. 16 und dem dort Gesagten hervorgegangen ist. Allerdings ist bei weniger bewölktem Himmel dafür die Wärmeabstrahlung wieder beträchtlicher (vgl. Abschnitt VIII). In den Übergangszeiten gleichen sich die mittleren Sonnenscheindauern an den drei betrachteten Orten weitgehend aus; nach Zahlentafel 36

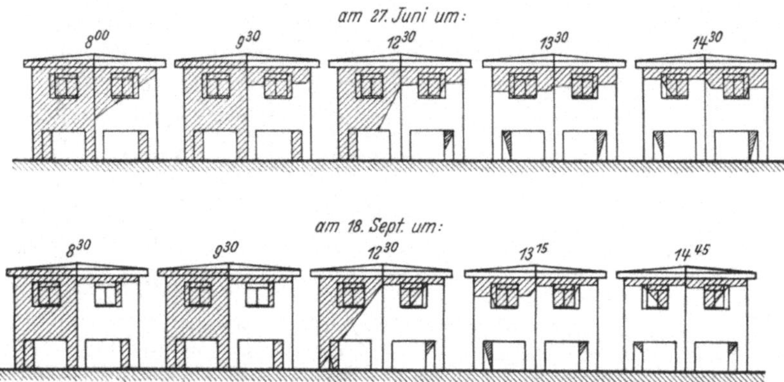

Abb. 49. Beschattung der Westseite (links) und der Südseite (rechts) des Versuchshäuschens an den über den Abbildungen angegebenen Tagen und Tageszeiten.

beträgt sie beispielsweise im April für Zürich 5,58, für Davos 5,43 und für Lugano 6,17 Stunden oder 43,5, bzw. 50,2, bzw. 49,9% der bei klarem Himmel möglichen Dauer.

Weiter kommt noch hinzu, daß eine erhebliche Erwärmung der Räume erst eintritt, wenn die Sonne durch die Fenster hineinscheint, denn nur diese Wärme kommt dem Innern der Gebäude unmittelbar zugute, während die auf die Außenwände treffenden Sonnenstrahlen zum Teil schon gleich zurückgeworfen werden. Ein wie großer Teil der übrigen, von den Mauern wirklich aufgenommenen Wärme bis in die Räume gelangt, hängt von der Bauweise und anderen Umständen ab. Bei dicken Mauern wird vielfach nur die äußere Oberfläche merklich erwärmt, was in den Räumen kaum zum Ausdruck kommt, weil die Wärme über Nacht von den Mauern an die Außenluft wieder abgegeben wird. Im Winter hat diese Erwärmung sogar zumeist nicht einmal eine spürbare Herabminderung des Wärmeflusses von innen nach außen zur Folge. Immerhin sind die häufiger von der Sonne getroffenen Wände trockener und daher weniger wärmeleitend als die andern.

Berechnungen über die Erwärmung der Räume durch die Sonne werden aus den genannten Gründen mehr nur auf die Fensterflächen eingestellt sein müssen, wobei deren Größe, ihre Beschattungsverhältnisse durch Dachvorsprünge, dicke Mauern und andere Hindernisse entsprechend zu berücksichtigen sind.

Diese Verhältnisse habe ich ebenfalls an dem Versuchshäuschen verfolgt, und zwar auf praktischem Wege. Dabei ergaben sich u. a. die in Abb. 49 für den 27. Juni 1935 und den 18. September 1935 wiedergegebenen Beschattungsverhältnisse, die zeigen, daß zur Zeit der längsten Tage, d. h. in der zweiten Hälfte Juni, die Sonne so hoch am Himmel steht, daß sie, trotz des nur schwach (15 cm) vorspringenden Daches, während des ganzen Tages nie in den Südraum hineinschien, während dies, zufolge des niedrigeren Sonnenstandes, am Vor- und Nachmittag beim Ost- und Westraum in erheblichem Maße, und auch beim Nordraum in den Morgen- und Abendstunden der Fall war.

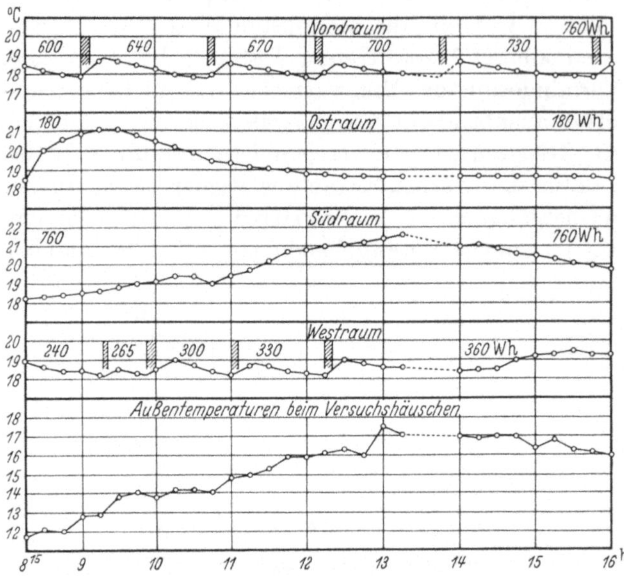

Abb. 50. Raum- und Außentemperaturen beim Versuchshäuschen von 8¹⁵ bis 16 h am 18. September 1935.
Die Zeiten, während welchen die Heizkörper eingeschaltet waren, sind durch lotrechte Striche mit dazwischen liegender Schraffung angedeutet.
Ferner ist der Stand der Wattstundenzähler angegeben.
Während der Versuchsdauer herrschte stark wechselnde Bewölkung und Windstärke. Beide nahmen am Nachmittag zu.
Die Schweiz. Meteorologische Zentralanstalt macht für den betreffenden Tag folgende Angaben:

Zeit	Außentemperatur °C	Luftfeuchtigkeit %	Windrichtung und -stärke	Nebel, Regen usw.
7³⁰ h	10,4	87	W₂	leicht bewölkt
13³⁰ h	17,6	50	WNW₃	bewölkt
21³⁰ h	11,7	75	SSW₁	leicht bewölkt

Die höchsten, bei vollem und andauerndem Hereinscheinen der Sonne, in die Räume beobachteten Raumtemperaturen übersteigen bei der Bauausführung 1935 und 1936 35° nicht, während sie bei der Bauausführung 1936/37 etwa 50° betrugen.

Während die Sommerverhältnisse für Klimaanlagen von besonderer Bedeutung sind, ist in bezug auf die Heizung der Einfluß der Sonne besonders in den Übergangszeiten beachtlich. Da man in den Räumen gegen die kühle Außenluft und den Wind geschützt ist und anderseits die durch die Fenster eingestrahlte Sonnenwärme voll genießt, so kommt es in diesen Zeiten oft vor, daß die auf der Sonnenseite gelegenen Räume nicht oder doch bedeutend weniger geheizt werden müssen als die schattenhalb gelegenen, namentlich wenn große Fensterflächen vorhanden sind. In Abb. 50 gebe ich beispielsweise die Ergebnisse einer diesbezüglichen Beobachtung vom 18. September 1935 an dem Versuchshäuschen (Abb. 23) wieder. Dabei traten die in den vier Räumen unter den Fenstern aufgestellten elektrischen Heizkörper, trotzdem die Fenster verhältnismäßig klein waren, nur teilweise in Tätigkeit. Sie standen mit im Innern der Räume untergebrachten Siemensschen Temperaturreglern in Verbindung, die auf durchschnittlich 18° Raumtemperatur eingestellt waren. Es kamen zwar geringe Abweichungen in der mittleren Lufttemperatur von einigen Zehntelgraden vor, weil die die Einschaltung des Heizkörpers bewirkenden Ausdehnungsdosen nicht nur von der Temperatur, sondern auch vom Barometerstand beeinflußt wurden. Im Bereich der in Zürich herrschenden Luftdrücke bewirkte die Zunahme des Druckes um 10 mm Hg eine Erhöhung der mittleren Innentemperatur um rd. 0,5°. Bei 700 mm Hg Barometerstand war sie 17,3°, bei 730 mm Hg 18,8°. Die den einzelnen Räumen zugeführten Energiemengen wurden mittels Wattstundenzählern gemessen.

Zu Beginn der Ablesungen um 8.15 Uhr betrug die Außentemperatur beim Häuschen 11,7, um 13 Uhr 17,5°. Die Zunahme erfolgte, der wechselnden Bewölkung und Windverhältnisse wegen, unregelmäßig. Von 13 Uhr an nahm die Bewölkung so stark zu, daß die Sonne selten mehr sichtbar wurde, weshalb auch die Temperatur nicht weiter anstieg. Um 16 Uhr betrug sie nur noch 16°. Der Regler im Nordraum schaltete während der Beobachtungszeit fünfmal ein, wobei eine mittlere Raumtemperatur von 18,3° innegehalten und eine Energiemenge von 160 Wh verbraucht wurde. Die Zeiten, während welchen die Heizkörper in Tätigkeit waren, sind in Abb. 50 durch lotrechte Striche mit dazwischenliegender Schraffung angegeben. Auch sind die Anzeigen der Wattstundenzähler in Wh vermerkt. Die Regler des Ost- und des Südraumes traten nie in Tätigkeit. Trotzdem stiegen die Temperaturen zufolge der Sonneneinwirkung vorübergehend bis auf über 21°. Im Westraum schaltete der Regler am Vormittag, so lange diese Seite von der Sonne nicht getroffen wurde, viermal ein, wobei die mittlere Raumtemperatur 18,5° betrug und 120 Wh zugeführt wurden. Von 12.30 Uhr an war der Einfluß der inzwischen gestiegenen Außentemperatur und der zeitweise die Wolken durchbrechenden Sonne so groß, daß der Regler des Westraumes nicht mehr in Tätigkeit trat und die Raumtemperatur von 14.30 Uhr an langsam stieg. Bei klarem Himmel wäre dies natürlich noch in erheblich stärkerem Maße der Fall gewesen.

Bei der Bauausführung 1936/37 war, der großen Fenster wegen, der Einfluß der Sonne auf das Ansteigen der Raumtemperaturen noch weit stärker. Schon kurze Sonnenblicke, ja sogar vorübergehende Aufhellungen des bedeckten Himmels, d. h. die diffuse Strahlung, machten sich hier deutlich bemerkbar. So beobachtete ich beispielsweise am Vormittag des 13. Oktobers bei starkem Höhennebel, nahezu Windstille und einer Außentemperatur von rd. 2°, daß die Temperatur im Südraum zufolge einer leichten Aufhellung des Himmels im Südosten und der dadurch bewirkten Wärmeeinstrahlung lange Zeit auf rd. 18° verharrte, wobei der Regler nur zweimal für Augenblicke einschaltete, während die Heizkörper der übrigen Räume innerhalb verhältnismäßig kurzer Zeitabschnitte je einige Minuten lang in Tätigkeit traten und dadurch die Raumtemperaturen zwischen 18,0 und 18,8° hielten. An Tagen mit langen Sonnenscheindauern sank daher der Anteil des Südraumes am Gesamtenergieverbrauch z. T. bis auf 19%, während derjenige des Nordraumes bis auf 33% stieg. Für sämtliche Heiztage des Winters 1936/37 entfielen auf den Nordraum 26,5%, den Ostraum 24,7%, den Südraum 24,0% und den Westraum 24,8% des Heizwärmeverbrauches. Bei der Bauausführung 1935/36 war der Anteil des Nordraumes kleiner, der des Westraumes größer, was wohl damit zusammenhängt, daß in Zürich Westen die „Wetterseite" ist und daher die Westmauer von den Schlagregen stark durchfeuchtet wurde, während bei der Bauausführung 1936/37 das vom Wind angepeitschte Wasser an den

großen Fensterflächen herunterfloß, somit keine derartige Steigerung der Wärmeableitung zufolge Mauerfeuchtigkeit und Entzug an Verdunstungswärme mehr
hervorrufen konnte wie im Winter zuvor.

2. Die Größe der von der Sonne niederstrahlenden, auf 1 m² Fläche treffenden Wärmemengen.

Über die Größe der von der Sonne auf 1 m²-Fläche treffenden Wärmemengen
liegen verschiedene Angaben vor.

Zahlentafel 37 enthält beispielsweise Werte in kcal je m² waagerechte Fläche
von Dr. J. Maurer, dem früheren Direktor der Meteorologischen Zentralanstalt
in Zürich, der sich mit diesen Fragen bereits zu einer Zeit beschäftigte, als sich die
neuzeitliche Strahlungsforschung noch in ihren Anfängen befand[1].

Zahlentafel 37.
Monatlich auf 1 m² waagerechte Fläche treffende
Wärmemengen in kcal für die Schweiz. (Nach J. Maurer.)

Monat	Bei wolkenlosem Himmel		Bei mittlerer Bewölkung		
	im nördlichen Tiefland der Schweiz	in Hoch-gebirgs-tälern	im nördlichen Tiefland der Schweiz	in Hoch-gebirgs-tälern	auf Berg-gipfeln
Januar . . .	34 500	43 400	7 550	23 900	19 000
Februar. . .	53 200	66 200	16 450	35 050	27 850
März	99 800	119 900	40 300	63 550	49 800
April	141 500	165 100	64 650	80 900	68 250
Mai	184 600	212 800	86 600	102 140	79 500
Juni	194 600	224 000	95 800	109 760	70 300
Juli	193 300	223 800	112 000	120 850	75 000
August . . .	163 100	191 000	92 800	114 600	78 850
September .	114 600	136 300	57 000	77 700	60 100
Oktober. . .	74 600	92 200	27 900	53 480	40 300
November. .	40 500	52 700	9 950	28 500	24 000
Dezember . .	28 700	36 100	5 050	18 800	16 450
Jahr	1 323 000	1 563 500	616 050	829 230	609 400

Daß bei mittlerer Bewölkung die Berggipfel kleinere Wärmeeinstrahlungszahlen
als die Hochgebirgstäler aufweisen, ist durch die daselbst häufiger auftretende Bewölkung über Mittag begründet, deren Einfluß sich zudem in den Sommermonaten
stärker bemerkbar macht als im Winter (vgl. Abschnitt I 5).

Hier berühren uns besonders die Verhältnisse für das Tiefland, also die Spalten 1
und 3, und da zeigt sich, daß die Stärke der Sonnenstrahlung zufolge der Bewölkung stark herabgemindert wird, insbesondere in den Wintermonaten. Im November, Dezember und Januar sinkt sie bis auf 9950, 5050 und 7550 kcal je m²,
während sie in den gleichen Monaten bei wolkenlosem Himmel 40500, 28700 und
34500 kcal betragen könnte. Auch fällt die Kleinheit dieser Zahlen gegenüber
denjenigen in den Sommermonaten auf, ist doch im Juni, Juli und August die
Intensität bei mittlerer Bewölkung 95800, 112000 und 92800 kcal, im Juli gegenüber dem Dezember also mehr als 20mal größer, und bei wolkenlosem Himmel
sogar 194600, 193300 und 163100 kcal.

---

[1] Vgl. Maurer, J.: Bodentemperatur und Sonnenstrahlung in den Schweizer Alpen.
Meteorol. Z. 1916 Heft 5.

Zahlentafel 38. Täglich auf die Flächen eines Würfels treffende Wärmemengen in kcal/m² für Arosa. (Nach P. Götz.)

Monat	Bei wolkenlosem Himmel						Bei durchschnittlicher Sonnenscheindauer					
	Waagerecht	Süd	Ost	West	Nord	Insgesamt	Waagerecht	Süd	Ost	West	Nord	Insgesamt
Januar . .	1630	4610	1040	980	—	8 250	870	2 420	550	460	—	4 310
Februar. . .	2740	5170	1520	1150	—	10 570	1 590	3 000	880	850	—	6 320
März	4180	4930	2270	2310	—	13 690	2 260	2 680	1 190	1 120	—	7 250
April	5780	3770	2980	2820	20	15 360	2 770	1 830	1 420	1 210	10	7 230
Mai	6780	2570	3410	3070	390	16 210	2 790	1 070	1 480	1 060	110	6 520
Juni	7290	2030	3580	3100	690	16 690	3 060	860	1 570	1 090	200	6 790
Juli	7030	2210	3540	3180	600	16 560	3 500	1 120	1 780	1 290	200	7 880
August . . .	6200	3110	3190	2940	130	15 580	3 580	1 830	1 830	1 540	60	8 840
September .	4810	4410	2570	2470	—	14 260	2 890	2 500	1 370	1 280	—	8 030
Oktober . .	3180	4910	1690	1770	—	11 540	1 760	2 700	900	900	—	6 260
November. .	1960	4780	1200	1130	—	9 070	1 120	2 730	650	630	—	5 130
Dezember .	1350	4270	880	780	—	7 280	730	2 270	480	350	—	3 840
Jahressumme							820 000	758 000	430 000	359 000	17 000	2 384 000

Zahlentafel 39. Monatlich auf 1 m² senkrechte Fläche treffende Wärmemengen in kcal für Aachen. (Nach P. Linden.)

Monat	Bei klarem Himmel						Bei teilweise bewölktem Himmel					
	und einer Verdrehung von Süden nach Osten oder Westen um											
	0° Südwand	30°	60°	90° Ost- und Westwand	120°	150°	0° Südwand	30°	60°	90° Ost- und Westwand	120°	150°
Januar . . .	70 680	61 220	36 110	11 400	—	—	19 150	16 460	9 490	2 570	—	—
Februar . .	103 040	92 220	57 710	27 160	6 380	—	30 240	26 940	16 210	7 280	1 360	—
März	123 190	110 820	83 700	49 630	21 390	3 720	42 810	36 430	24 890	13 050	4 430	370
April	89 490	88 800	79 650	60 180	33 900	11 700	39 600	37 080	30 540	20 910	10 260	2 820
Mai	72 350	74 090	80 600	68 510	47 430	22 320	36 580	38 090	39 590	32 240	18 440	7 780
Juni	59 940	66 300	75 000	69 780	51 000	24 900	28 350	30 510	32 160	28 620	19 200	7 980
Juli	63 110	66 130	75 170	70 460	47 120	15 810	30 780	32 550	33 050	29 260	17 550	7 040
August . . .	84 590	85 560	76 420	58 590	33 480	11 160	43 580	42 030	35 740	26 160	14 660	4 460
September .	100 200	88 500	69 000	44 850	19 200	2 100	47 580	41 580	30 390	18 270	5 100	420
Oktober . .	113 950	98 270	67 270	37 660	12 090	620	44 450	37 760	24 610	11 530	2 950	60
November. .	81 720	70 650	42 450	17 310	2 100	—	22 500	18 960	10 710	3 750	450	—
Dezember .	61 870	56 420	32 080	10 910	1 240	—	14 160	13 050	7 750	2 440	190	—
Jahressumme	1 024 130	961 990	775 160	526 440	275 330	92 330	399 780	371 440	295 130	196 080	94 590	30 930

Hottinger, Klima.

6

In bezug auf heiztechnische Fragen ist indessen nicht nur die Sonneneinstrahlung auf waagerechte, sondern in noch höherem Maße diejenige auf lotrechte Flächen von Wichtigkeit. Auch hierüber sind Veröffentlichungen erschienen. Beispielsweise sei verwiesen auf die Arbeit „Das Strahlungsklima von Arosa"[1] von Dr. Paul Götz, welcher Zahlentafel 38 entnommen ist. Darin sind die in Arosa monatlich auf die Flächen eines Würfels treffenden Wärmemengen in kcal/m² bei wolkenlosem Himmel und bei durchschnittlicher Sonnenscheindauer angegeben.

Noch weitergehend ist die Aufgabe in der Arbeit von P. Linden, „Über die Intensität der Sonnenstrahlung auf verschieden gerichtete senkrechte Wände"[2] behandelt, indem hier die stündlichen Wärmemengen in bezug auf Aachen bei klarem und bewölktem Himmel angegeben sind, und zwar bei der Lage der Wände nach den Haupthimmelsrichtungen sowie bei verschiedenen Verdrehungswinkeln. Der Platzverhältnisse wegen ist es unmöglich, die wertvollen Zahlen hier in vollem Umfang wiederzugeben, ich beschränke mich darauf, in den Zahlentafeln 39 und 40 die Monats- und Jahresergebnisse anzuführen. Ferner enthält Zahlentafel 41 vergleichsweise die aus den Zahlentafeln 37 bis 40 entnommenen jährlichen Wärmezuflußmengen je m² Fläche bei durchschnittlicher Bewölkung für waagerechte Flächen und nach den Haupthimmelsrichtungen gelegene Wände. Daraus gehen die durch die klimatischen Verhältnisse bedingten Unterschiede mit besonderer Deutlichkeit hervor, und es zeigt sich auch, daß die Angaben von Maurer und Götz in bezug auf Hochgebirgstäler gut miteinander übereinstimmen.

Zahlentafel 40.

Jährlich auf 1 m² senkrechte Fläche treffende Wärmemengen in kcal für Aachen. (Nach P. Linden.)

Lage der Wand	Bei klarem Himmel	Bei teilweise bewölktem Himmel
Südwand . . .	1 024 130	399 780
10° nach Osten .	1 005 750	392 640
20° ,, ,, .	997 580	384 320
30° ,, ,, .	961 990	371 440
40° ,, ,, .	904 920	347 460
60° ,, ,, .	775 160	295 130
80° ,, ,, .	605 350	225 200
Ostwand . . .	526 440	196 080
Westwand . . .	527 550	195 040
10° nach Norden	421 090	154 230
30° ,, ,,	275 330	94 590
50° ,, ,,	144 400	48 370
60° ,, ,,	92 330	30 930
70° ,, ,,	57 260	17 010
80° ,, ,,	32 780	9 170
Nordwand . . .	31 810	7 780

Zahlentafel 41.

Jährlich auf 1 m² Fläche treffende Wärmemengen bei mittlerer Bewölkung in kcal.

	Waagerechte Fläche	Senkrechte Fläche nach			
		Süd	Ost	West	Nord
Nach J. Maurer für Gipfelbeobachtungsstellen	609 400				
Hochgebirgstäler	829 230				
Das nördliche Tiefland der Schweiz . .	616 050				
Nach P. Götz für Arosa	820 000	758 000	430 000	359 000	17 000
Nach P. Linden für Aachen.		399 780	196 080	195 040	7 780

[1] Berlin: Julius Springer.
[2] Deutsches Meteorologisches Jahrbuch 1933.

Auffallend ist, wieviel weniger Wärme der Südseite im Sommer zuströmt als in den Übergangszeiten und in Arosa sogar als im Winter (vgl. Zahlentafel 38 und 39), während in Aachen die Sonneneinstrahlung im Winter bei klarem Himmel ähnlich derjenigen im Sommer, bei teilweise bewölktem Himmel sogar wesentlich kleiner ist. Die Ost- und die Westseite zeigen die höchsten Werte im Sommer, und die Nordseite erhält überhaupt nur in den Monaten April bis August etwas Sonne, was aus Abb. 48 auch für Zürich hervorgeht.

Weiter ergibt sich aus den Zahlentafeln 38 und 39, daß sowohl in Arosa als Aachen die im Juni und Juli bei mittlerer Bewölkung (in Arosa bei wolkenlosem Himmel auch im Mai) auf die Südseite treffenden Wärmemengen wesentlich kleiner sind als diejenigen, welche der Ost- und der Westseite zufließen, wogegen sie in Aachen bei durchschnittlicher Bewölkung im Juni und Juli für alle drei Seiten ungefähr gleich sind. Dagegen ist die der Südseite vom September und August bis und mit April und Mai zuströmende Wärmemenge durchwegs erheblich größer als die auf die Ost- und die Westseite treffende.

Linden untersucht an Hand der von ihm ermittelten Werte für Aachen auch die Frage, wieviel Wärme den beiden einander gegenüberliegenden freien Seiten von Reihenhäusern bei verschiedenen Straßenrichtungen zuströmen. Dazu sind die Summen zu bilden, beispielsweise einer um 30° und dementsprechend einer um 150° verdrehten Wand, was im Jahr bei klarem Himmel $961\,990 + 92\,330 = 1\,054\,320$ kcal, bei mittlerer Bewölkung $371\,440 + 30\,930 = 402\,370$ kcal ergibt. Diese Jahressummen ändern sich für andere Hausstellungen nur sehr wenig, während in bezug auf die einzelnen Monate große Unterschiede auftreten. Z. B. erhält ein Haus mit Nord- und Südfront im Dezember bei mittlerer Bewölkung rd. dreimal soviel Strahlung als ein nach Ost und West gerichtetes, im Juni dagegen nicht einmal 50% der auf dieses entfallenden Strahlungssumme. Weiter weist Linden darauf hin, daß die reine Südlage für ein Reihenhaus auch in der Jahressumme nicht das Größtmaß an Besonnung ergibt, weil die reine Nordwand verschwindend wenig Strahlung erhält, während nahezu die Gesamtsumme die Südwand trifft. Bei einer Abweichung der Hausstellung von 30° kommt hiervon nur ein verhältnismäßig geringer Bruchteil für die Vorderwand in Wegfall, wogegen die Rückwand eine für diese erhebliche, stark ins Gewicht fallende Steigerung an Wärmezufuhr erhält[1].

---

[1] Über die Vor- und Nachteile verschiedener Straßenführungen ist schon viel geschrieben worden (siehe z. B. Gesundh.-Ing.). Der Stoff ist sowohl unter Berücksichtigung der Belichtungs-, als auch der Strahlungsverhältnisse in vorzüglicher Weise von E. Brezina und W. Schmidt auf den S. 142/153 ihres Buches „Das künstliche Klima in der Umgebung des Menschen" (Stuttgart: Ferdinand Enke Verlag 1937) zusammengefaßt worden, weshalb es sich erübrigt, hier auf diese Fragen näher einzutreten.

Das Buch enthält auf S. 55 ff. außerdem wertvolle Ausführungen und Zahlenwerte über die Verhältnisse der Sonnenstrahlung etwa auf der Breite Stuttgart—München—Wien. Die Verfasser bemerken dazu: „Solche Überlegungen empfehlen sich bei allen Anlagen, die einigermaßen Freiheit in der Wahl des Platzes und der Orientierung des Bauwerkes, eines Vordaches u. dgl., gewähren. Man begünstigt ja von vornherein bestimmte Lagen, bevorzugt etwa Morgensonne oder sucht, insbesondere für Heilanstalten, möglichst großen Gesamtgenuß der Bestrahlung. Bei jeder neuen Anlage wäre deshalb eine genaue Aufnahme des Geländes in bezug auf den Strahlungsgenuß zu verlangen. Tatsächlich ist diese Seite viel zu wenig behandelt worden, woraus sich eine Reihe von kaum wieder gutzumachenden Fehlern, nämlich falsche Lage oder schlechte Anordnung im einzelnen, ergeben haben."

Vorstehend ist schon darauf hingewiesen worden, daß der den Zimmern zugute kommende Anteil der Sonnenstrahlen in hohem Maße davon abhängt, ob sie in die Räume hineingelangen. Das zu wissen ist nicht nur für die Heizung von Wert, sondern mehr noch in bezug auf die zu erwartenden Temperaturverhältnisse im Sommer, z. B. in Krankenhäusern, Unterrichtsgebäuden, gewissen gewerblichen und industriellen Betrieben usw. Die Wärmeeinstrahlungen und dementsprechend auch die Temperaturerhöhungen können auf Grund der Fenstergrößen und ihrer Lage, sowie unter Berücksichtigung der übrigen mitsprechenden Umstände, ungefähr berechnet werden[1], namentlich wenn so eingehende, sich auf die einzelnen Tagesstunden und verschiedene Lagen der Wände beziehende Angaben vorliegen, wie Linden sie für Aachen in der erwähnten Arbeit zur Verfügung gestellt hat. Es wäre daher sehr zu begrüßen, wenn derartige Unterlagen für möglichst viele Orte ausgearbeitet würden.

VI. Vom Einfluß des Windes.

Den Heizungsfachleuten ist zur Genüge bekannt, daß der Wind von großem Einfluß auf die Heizbetriebe sein kann, insbesondere wenn es sich um Bauten handelt, deren Außenwände über das gewöhnliche Maß hinausgehende Undichtigkeiten aufweisen. Der Wind bewirkt nicht nur eine Steigerung des Brennstoffverbrauches, sondern kann auch zur Folge haben, daß die von ihm betroffenen Räume sich nur schwer oder überhaupt nicht genügend erwärmen lassen, sofern die Heizflächen in diesen Räumen nicht besonders reichlich bemessen worden sind. Wind erhöht die Fugenlüftung, sowie die Wärmeübergangszahl von den Außenwänden und bewirkt bei gleichzeitigem Regen außerdem Schlagregen, welche die betroffenen Mauerteile durchfeuchten. Dadurch werden die Wärmeleitzahlen und der Entzug an Verdunstungswärme gesteigert.

1. Fugenlüftung.

Die natürliche Lüftung der Räume geht bei geschlossenen Fenstern und Türen zur Hauptsache durch die Fugen, Ritzen und Poren der Umfassungswände vor sich. Dabei sind vor allem undichte Fensterrahmen und Fälze, schlecht abdichtende Fensterstöcke und Rolladenkasten, ungenügend ausgefüllte Mörtelfugen, verzogene Fenster, Türen und Oberlichter, schlecht wirkende Schließvorrichtungen an den Fenstern und Türen u. a. m. von Einfluß. Demgegenüber treten die Poren des Mauerwerkes, denen man früher einen größeren Anteil zuschrieb, in den Hintergrund, besonders wenn es sich um dichte Baustoffe handelt oder die Mauern verputzt und mit Tapeten, Täfer und ähnlichen Belägen versehen sind.

Die Größe des natürlichen Luftwechsels ist, außer durch das Ausmaß der Undichtheiten, durch die Lage und Höhe der Räume, die Art der Bauweisen, die Güte der Bauausführung und die Instandhaltung der Gebäude, den Temperaturunterschied zwischen innen und außen, die Richtung und Stärke des Windes u. a. m. bedingt. Eine alte Faustregel sagt, daß sich die Luft in beheizten Zimmern durch

---

[1] Vgl. Cammerer, J. S.: Konstruktive Grundlagen des Wärme- und Kälteschutzes im Wohn- und Industriebau, S. 117. Berlin: Julius Springer 1936. — In diesem Buche sind auch wertvolle Angaben über die Erwärmung von Wohnräumen im Sommer, die Wärmezustrahlung von der Sonne auf Bauten, die nächtliche Auskühlung von Wohnräumen usw. enthalten.

Selbstlüftung im Winter etwa einmal in der Stunde erneuere. In Wirklichkeit kommen hiervon jedoch große Abweichungen vor, wie beispielsweise die Untersuchungen von Prof. Ilzhöfer am Hygienischen Institut der Universität München, sowie zahlreiche eingehende Versuche an Baustoffen und Bauweisen, insbesondere an Fenstern, gezeigt haben[1]. Von besonderem Einfluß ist natürlich der auf die Undichtheiten ausgeübte Winddruck. Seine Höhe hängt von der Windgeschwindigkeit, sowie davon ab, wie der Wind auf die Flächen trifft. Bei senkrechtem Auftreffen auf große Gebäudefronten kann er bis zur Höhe des dynamischen Druckes $p_d = \dfrac{v^2}{2 \cdot g} \gamma$ mm WS oder kg/m² ansteigen, g ist die Beschleunigung der Schwere $= 9{,}81$ und γ das Raumgewicht der Luft in kg/m³. Setzt man dieses $= 1{,}2$, so ergeben sich die in Zahlentafel 42 vermerkten dynamischen Drücke p_d. Gleichzeitig entstehen auf der Rückseite solcher Flächen oder Gebäude Unterdrücke bis zu etwa einem Drittel der auf den Anfallseiten erzeugten Überdrücke. Auch diese Werte p_u sind in Zahlentafel 42 angegeben, sowie die durch die Druck- und die Saugwirkung zusammen hervorgerufenen Gesamtdruckunterschiede $(p_d + p_u)$. Diese Höchstwerte werden allerdings nur ausnahmsweise und vorübergehend erreicht, da Richtung und Stärke des Windes beständig wechseln und die Gebäude auch sonst in einer Art umblasen werden, die mit senkrechtem Auftreffen des Windes meist wenig zu tun hat.

In welchem Maße sich die Fugenlüftung zufolge des Windeinflusses ändert, läßt sich daher nicht allgemein sagen, um so weniger, als sie nicht vom Druck allein, sondern, wie ausgeführt wurde, außerdem von zahlreichen anderen Umständen abhängt. Um jedoch ungefähre Anhaltspunkte über die Größe der durch den Wind bedingten Steigerung des Heizwärmebedarfes zu gewinnen, will ich in dem Beispiel unter Abschnitt VI 6 mit einer 0,5-, 1,0- und 1,5fachen stündlichen Lufterneuerung rechnen, womit, abgesehen von außergewöhnlichen Verhältnissen, ziemlich allen Fällen Rücksicht getragen sein dürfte.

2. Wärmeübergangszahl zwischen Maueroberfläche und Außenluft.

Für die Untersuchungen der Praxis genügt es, wenn man damit rechnet, daß sich die Wärmeübergangszahl angenähert mit der Quadratwurzel aus der Luftgeschwindigkeit, d. h. zwischen etwa 5 bis 50, ändert. Trotz dieser großen Unterschiede ist der Einfluß auf die Wärmedurchgangszahlen gering. Eine Zunahme der Luftgeschwindigkeit von beispielsweise 1 auf 5 und 10 m/s bewirkt bei einer 38 cm starken, beiderseits verputzten Ziegelsteinwand eine Steigerung von 1,27 auf 1,34

---

[1] Vgl. z. B. Raisch, E.: Die Wärme- und Luftdurchlässigkeit von Fenstern verschiedener Konstruktion. Gesundh.-Ing. Bd. 45 (1922) S. 99. — Eberle, Chr.: Versuche über die Luftdurchlässigkeit und den Wärmeschutz von Fenstern, Mitteilungen aus dem wärmetechnischen Institut der Technischen Hochschule Darmstadt. Gesundh.-Ing. Bd. 51 (1928) S. 566. — Raisch, E.: Die Luftdurchlässigkeit von Baustoffen und Baukonstruktionen. Gesundh.-Ing. Bd. 51 (1928) S. 481. — Cammerer, J. S.: Wärmeschutz im Bauwesen. Mitteilungen Nr. 26 der Reichs-Forschungs-Gesellschaft für Wirtschaftlichkeit im Bau- und Wohnungswesen e. V. Bd. 21 (1929) Nr. 4. — Siegwart, K.: Luftdurchlässigkeit von Holz- und Stahlfenstern. Mitteilungen aus dem Maschinen-Laboratorium der Techn. Hochschule Danzig. Gesundh.-Ing. Bd. 55 (1932) S. 515. — Raisch, E. und Steger, H.: Die Luftdurchlässigkeit von Bau- und Wärmeschutzstoffen. Mitteilungen aus dem Forschungsheim für Wärmeschutz e. V., München. Gesundh.-Ing. Bd. 57 (1934) S. 553.

Zahlentafel 42. Beaufortsche Windskala.

Windstärke nach der 12teilig. Beaufortskala	6teilig. Beaufortskala	Bezeichnung	Kennzeichen	Windgeschwindigkeit m/s	km/h	Entsprech. dynamischer Druck p_d mm WS	$^1/_3$ des dynamischen Druckes $= p_u$ mm WS	Gesamtdruckunterschied $(p_d + p_u)$ mm WS
0		Windstille	Vollkommene Windstille, Rauch steigt senkrecht empor	0,0—0,5	0—1	0—0,015	0—0,005	0—0,02
1	1	Leiser Luftzug (sehr leicht)	Rauch steigt nahezu senkrecht in die Höhe, Windrichtung schon feststellbar	0,6—1,7	2—6	0,02—0,18	0,01—0,06	0,03—0,24
2		Leichter Wind	Für das Gefühl eben bemerkbar .	1,8—3,3	7—12	0,20—0,62	0,07—0,20	0,27—0,82
3	2	Schwacher Wind	Bewegt einen leichten Wimpel, auch die Blätter der Bäume . .	3,4—5,2	13—18	0,7—1,6	0,2—0,6	0,9—2,2
4		Mäßiger Wind	Streckt einen Wimpel, bewegt kleinere Zweige der Bäume, hebt Staub und Papier	5,3—7,4	19—26	1,7—3,3	0,6—1,1	2,3—4,4
5	3	Frischer Wind	Bewegt größere Zweige der Bäume, wird für das Gefühl schon unangenehm	7,5—9,8	27—35	3,4—5,8	1,1—1,9	4,5—7,7
6		Starker Wind	Wird an Häusern und andern festen Gegenständen hörbar, bewegt große Zweige der Bäume . . .	9,9—12,4	36—44	6,0—9,4	2,0—3,1	8,0—12,5
7	4	Steifer Wind	Bewegt schwächere Bäume, wirft auf stehendem Wasser Wellen auf, die oben überstürzen . . .	12,5—15 3	45—54	9,5—14,3	3,2—4,8	12,7—19,1
8		Stürmischer Wind	Ganze Bäume werden bewegt, ein gegen den Wind schreitender Mensch wird merkbar aufgehalten	15,4—18,2	55—65	14,4—20,2	4,8—6,7	19,2—26,9

9	5	Sturm oder voller Sturm	Leichtere Gegenstände, wie Dachziegel usw., werden aus ihrer Lage gebracht, Äste und schwache Bäume gebrochen.	18,3—21,5	66—77	20,4—28,2	6,8—9,4	27,2—37,6
10		Starker oder schwerer Sturm	Bricht oder entwurzelt starke Bäume	21,6—25,1	78—90	28,5—38,5	9,5—12,8	38,0—51,3
11	6	Orkanartiger Sturm	Zerstörende Wirkungen schwerer Art, deckt Dächer ab, wirft Menschen um	25,2—29,0	91—104	38,8—51,2	12,9—17,1	51,7—68,3
12		Orkan	Verwüstende Wirkungen schwerster Art	mehr als 29,0	mehr als 104			

und 1,36 und bei vollständig abgedichteten Fenstern mit Doppelverglasung in Holzrahmen von 2,35 auf 2,44 und 2,51. In den Regeln DIN 4701 sind für solche Mauern und Fenster die Werte 1,34 und 2,5 angegeben.

3. Durchfeuchtung einzelner Mauerteile durch Schlagregen.

Es ist bekannt, daß die Wärmeleitzahlen mit wachsendem Feuchtigkeitsgehalt der Baustoffe stark steigen. J. S. Cammerer gibt an, daß dabei auf die Wärmeleitzahlen der vollkommen trockenen Baustoffe die in Zahlentafel 43 angegebenen Zuschläge zu machen sind[1].

Zahlentafel 43.

Feuchtigkeitszuschläge in Hundertteilen auf die Wärmeleitzahlen der vollständig trockenen Baustoffe. (Nach J. S. Cammerer.)

Feuchtigkeitsgehalt des Baustoffes in %	Zuschlag in % auf die Wärmeleitzahl des vollkommen trockenen Baustoffes %
1	etwa 30
2,5	,, 55
5	,, 75
10	,, 108
15	,, 132
20	,, 155
25	,, 175

Danach schwanken die Wärmeleitzahlen λ von Ziegelsteinmauern je nach Alter, Lage, Bewohnung der Räume usw. zwischen etwa 0,5 und 1,0. Bei frisch erstelltem Mauerwerk, namentlich wenn die Bausteine längere Zeit am Regen gelegen haben oder während der Bauzeit viel Niederschläge gefallen sind, können sie noch höher sein.

Nach Versuchen von Schmidt und Großmann[2] an einer 28 cm starken, beider-

[1] Cammerer, J. S.: Tabellen zur Ermittlung des Wärmeschutzes beliebiger Baukonstruktionen. Schweiz. Bl. f. Hzg. und Lftg. Bd. 1 (1934) S. 19; ferner: Konstruktive Grundlagen des Wärme- und Kälteschutzes im Wohn- und Industriebau. Berlin: Julius Springer 1936.

[2] Mitteilungen aus dem Forschungsheim für Wärmeschutz e. V. München (1924) H. 4 S. 54/55.

seits verputzten Ziegelsteinmauer haben sich beispielsweise bei verschiedenen Feuchtigkeitsgehalten die in Zahlentafel 44 angegebenen Wärmeleitzahlen λ ergeben:

Zahlentafel 44.
Abhängigkeit der Wärmeleitzahl einer 28 cm starken, beiderseits verputzten Ziegelsteinmauer vom Feuchtigkeitsgehalt.
(Nach Schmidt und Großmann.)

Feuchtigkeitsgehalt Vol.-%	Raumgewicht kg/m³	Wärmeleitzahl λ	Verflossene Zeit seit der Erstellung
25,0	1961	1,20	Kurz nach Herstell.
3,4	1763	0,84	4,5 Monate
1,9	1748	0,74	6,4 ,,
1,0	1737	0,65	9,1 ,,
0,5	1715	0,60	12,5 ,,

Unter Benützung dieser Unterlagen sind in Zahlentafel 45 die Wärmedurchgangszahlen k, berechnet nach der gebräuchlichen Formel $\frac{1}{k} = \frac{1}{\alpha_1} + \frac{1}{\alpha_2} + \frac{\delta}{\lambda}$, für 1 und 1½ Stein starke, beiderseits verputzte Ziegelsteinmauern angegeben, und zwar für Wärmeleitzahlen $\lambda = 0{,}6$, $0{,}75$ und $0{,}9$, ferner für Luftgeschwindigkeiten von

1, 5 und 10 m/s. Wie man sieht, liegen die Werte für die 1 Stein starke Mauer zwischen 1,41 und 2,02 und für die 1½ Stein starke zwischen 1,08 und 1,57. In den Regeln DIN 4701 sind die betreffenden Wärmedurchgangszahlen zu 1,7 und 1,34 angegeben.

Zahlentafel 45.
Wärmedurchgangszahlen k einer 1 und einer 1½ Stein starken, beiderseits verputzten Ziegelsteinmauer bei verschiedenen Luftgeschwindigkeiten und verschiedenen Feuchtigkeitsgehalten der Mauern.

Wärmeleitzahl λ	Luftgeschwindigkeit in m/s					
	1		5		10	
	Mauerstärke in cm (ohne Putz)					
	25	38	25	38	25	38
0,60	1,41	1,08	1,50	1,13	1,52	1,14
0,75	1,63	1,27	1,75	1,34	1,79	1,36
0,90	1,83	1,44	1,98	1,54	2,02	1,57

4. Entzug an Verdunstungswärme.

Bekanntlich beträgt die Verdampfungswärme bei den in Frage kommenden Temperaturen gegen 600 kcal je kg Wasser, die beim Verdunsten des Wassers zur Hauptsache den Maueroberflächen entzogen wird. Die dadurch bedingte Abkühlung ist je nach den Verhältnissen verschieden groß. An einzelnen Tagen kommt es vor, daß die Maueroberflächen von den Schlagregen stark durchnäßt werden und das Wasser sogar daran entlang herunterfließt. Wenn sich die betreffenden Mauerteile dabei vollsaugen und später starker Wind herrscht, so ist der Vorgang ein ähnlicher wie wenn nasse Wäsche am Wind trocknet. Die Wasserverdunstung kann dabei rasch vor sich gehen und der Wärmeentzug somit ziemlich beträchtlich sein, namentlich wenn die Luft relativ trocken ist, was auch bei kalten Temperaturen der Fall sein kann. Das läßt sich übrigens auch mit dem trockenen und feuchten Thermometer (Psychrometer), sowie mit dem trockenen und feuchten Katathermometer nachweisen. Es scheint mir jedoch unmöglich, die den Mauern entzogene Verdunstungswärme einigermaßen zuverlässig bestimmen zu können, weil dabei zu viele Umstände mitwirken, die von Fall zu Fall verschieden sind.

Auf die an den Versuchshäuschen (Abb. 23 u. 24) festgestellten Steigerungen des Heizwärmebedarfes durch den Wind an sonnenlosen Tagen wurde vorstehend bereits hingewiesen (Abb. 47). In Zahlentafel 46 sind außerdem noch die Energieverbrauche je Gradtag für Gruppen von Heiztagen mit unter 100 km, zwischen 100 und 300 km und über 300 km liegenden täglichen Windwegen, sowie für 0, ferner 1 bis 3 und über 6 Stunden betragenden Sonnenscheindauern wiedergegeben. Danach stellte sich an sonnenlosen Tagen bei der Bauausführung 1935/36 und einem mittleren täglichen Windweg von 72 km der Energieverbrauch je Gradtag im Durchschnitt auf 0,55 kWh, bei 485 km mittlerem Windweg im Durchschnitt auf 0,64 kWh und bei der Bauausführung 1936/37 bei einem mittleren Windweg von 74 km durchschnittlich auf 0,74 kWh und bei 421 km Windweg auf durchschnittlich 0,88 kWh. Mit zunehmenden täglichen Sonnenscheindauern nehmen diese Werte erheblich ab.

Es würde zu weit führen, hier auf alle an den Versuchshäuschen gemachten Feststellungen eintreten zu wollen, dagegen sind sie in den schon erwähnten, als Sonderdrucke erhältlichen Berichten eingehend besprochen.

Daß bezüglich der Windverhältnisse an verschiedenen Orten der Erdoberfläche große Unterschiede bestehen, ist bekannt (vgl. z. B. Zahlentafel 6). Besonders klar kommen sie zum Ausdruck durch das Aufzeichnen von sog. „Windrosen", wobei von einem Punkt aus die Jahreshäufigkeiten der Winde nach den Weltgegenden aufgetragen werden. Dabei kann außerdem die Häufigkeit in Vonhundertteilen durch Kreise und in bezug auf die Geschwindigkeiten durch verschiedene Linienzüge angegeben werden[1]. Aber selbst für ein und dieselbe Gegend ist es nicht gleichgültig, wo das in Frage kommende Haus steht. Die Regeln für die Berechnung des Wärmebedarfes DIN 4701 unterscheiden deshalb in bezug auf die Zuschläge für Windanfall mit Recht zwischen ungünstiger und außerordentlich ungünstiger Lage, während für Gebäude in engen Gassen, die gegen den Windangriff fast vollständig geschützt sind, ein Zuschlag für Wind überhaupt nicht zu machen ist. Auch die zufolge erhöhter Querlüftung stärker auskühlende Wirkung des Windes bei Räumen mit mehreren Außenflächen oder mit Erkerausbauten ist in den Regeln berücksichtigt. Daß in solchen Fällen die Heizfläche am besten an den vom Wind getroffenen Außenwänden (den „Wetterseiten") untergebracht wird, ist selbstverständlich. Sonst kann es vorkommen, daß die beheizten, aber vom Wind getroffenen Räume kalt, diejenigen auf der dem Windanfall abgewandten Seite dagegen warm sind, ohne daß sie besonders beheizt werden.

Über die Schwankungen der Windgeschwindigkeit sind für einzelne Orte stündliche Angaben erhältlich, in gleicher Weise wie in bezug auf die Außentemperatur, so daß gleichfalls Durchschnittskurven aufgezeichnet werden können. Wenn ich dies hier unterlasse, so geschieht es, weil mit diesen Mittelwerten hinsichtlich des Heizwärmebedarfes doch nicht viel anzufangen ist, indem die Windgeschwindigkeiten außerordentlich große Schwankungen aufweisen, die in den Stunden-, Tages- oder gar Monatswerten nur verwischt zum Ausdruck kommen. Auf alle Fälle ist es aber erforderlich, bei der Wahl der Heizarten, der Aufstellung

---

[1] Vgl. z. B. Brezina und Schmidt: Das künstliche Klima in der Umgebung des Menschen, 1937, S. 70.

Zahlentafel 46.

An den Versuchshäusern Abb. 23 und 24 festgestellte Heizenergieverbrauche je Gradtag bei verschiedenen täglichen Windwegen und Sonnenscheindauern.

| Zeitabschnitt | Mittlere tägliche | | | Tägliche | | Energieverbrauch je Gradtag |
| | Außentemperatur | Innentemperatur | Luftfeuchtigkeit im Freien | Windwege | Sonnenscheindauer | |
	°C[1]	°C	%[1]	km[1]	Stunden[1]	kWh
Bauausführung 1935/36 (Abb. 23).						
Tägliche Windwege unter 100 km:						
An 16 Heiztagen ohne Sonnenschein	−8,0 bis 10,2	17,0 bis 18,6	64 bis 94	42 bis 98		0,44 bis 0,63
	Mittel 2,8	Mittel 17,8	Mittel 87	Mittel 72	Mittel 0	Mittel 0,55
An 8 Heiztagen mit täglich 1—3 Stunden Sonnenschein	−6,5 bis 5,9	17,7 bis 18,4	74 bis 92	45 bis 95	1,2 bis 2,8	0,48 bis 0,54
	Mittel 1,9	Mittel 18,0	Mittel 85	Mittel 72	Mittel 1,8	Mittel 0,52
An 6 Heiztagen mit täglich über 6 Stunden Sonnenschein	3,3 bis 8,0	17,5 bis 18,5	63 bis 88	53 bis 87	6,1 bis 10,7	0,37 bis 0,45
	Mittel 5,4	Mittel 18,0	Mittel 75	Mittel 72	Mittel 7,7	Mittel 0,43
Tägliche Windwege zwischen 100 und 300 km:						
An 40 Heiztagen ohne Sonnenschein	−5,6 bis 9,5	17,3 bis 18,6	66 bis 99	102 bis 299		0,44 bis 0,63
	Mittel 3,2	Mittel 17,9	Mittel 85	Mittel 162	Mittel 0	Mittel 0,56
An 16 Heiztagen mit täglich 1—3 Stunden Sonnenschein	−2,1 bis 8,3	17,4 bis 18,3	65 bis 91	103 bis 247	1,2 bis 2,8	0,41 bis 0,64
	Mittel 4,8	Mittel 17,9	Mittel 79	Mittel 161	Mittel 2,1	Mittel 0,54
An 13 Heiztagen mit täglich über 6 Stunden Sonnen-schein	0,8 bis 9,3	17,0 bis 18,3	59 bis 76	108 bis 217	6,2 bis 11,8	0,42 bis 0,56
	Mittel 4,1	Mittel 17,8	Mittel 68	Mittel 148	Mittel 8,2	Mittel 0,47
Tägliche Windwege über 300 km:						
An 12 Heiztagen ohne Sonnenschein	2,4 bis 11,1	17,2 bis 18,3	68 bis 87	337 bis 722		0,46 bis 0,87
	Mittel 7,4	Mittel 17,8	Mittel 79	Mittel 485	Mittel 0	Mittel 0,64
An 7 Heiztagen mit täglich 1—3 Stunden Sonnenschein	1,2 bis 11,4	17,3 bis 18,3	65 bis 79	306 bis 639	1,1 bis 2,8	0,57 bis 0,68
	Mittel 4,5	Mittel 17,9	Mittel 70	Mittel 418	Mittel 1,9	Mittel 0,62
Am 30. Oktober 1935 mit 5 Stunden Sonnenschein . . .	9,5	18,2	80	354	5,0	0,52
Am 21. Januar 1936 mit über 6 Stunden Sonnenschein	6,6	17,7	64	311	8,15	0,55
Ganze Heizzeit 1935/36:						
Oktober 1935 bis und mit Juni 1936 (182 Heiztage). .	−8,0 bis 11,4	17,0 bis 18,7	59 bis 99	42 bis 722	0 bis 11,8	0,37 bis 0,87
	Mittel 3,9	Mittel 17,9	Mittel 79	Mittel 179	Mittel 2,0	Mittel 0,55

Bauausführung 1936/37 (Abb. 24).

Tägliche Windwege unter 100 km:

An 18 Heiztagen ohne Sonnenschein	−2,3 bis 7,6 Mittel 2,0	18,2 bis 18,9 Mittel 18,5	81 bis 100 Mittel 94	61 bis 87 Mittel 74	Mittel 0	0,66 bis 0,80 Mittel 0,74
An 11 Heiztagen mit täglich 1—3 Stunden Sonnenschein	−2,2 bis 7,0 Mittel 2,1	17,9 bis 18,9 Mittel 18,5	75 bis 100 Mittel 89	54 bis 99 Mittel 74	1,10 bis 2,80 Mittel 1,9	0,55 bis 0,72 Mittel 0,65
An 5 Heiztagen mit täglich über 6 Stunden Sonnenschein	−2,7 bis 8,1 Mittel 2,9	18,3 bis 18,7 Mittel 18,4	69 bis 86 Mittel 80	40 bis 84 Mittel 69	7,50 bis 10,15 Mittel 8,3	0,37 bis 0,62 Mittel 0,52

Tägliche Windwege zwischen 100 und 300 km:

An 40 Heiztagen ohne Sonnenschein	−1,8 bis 9,4 Mittel 2,8	17,2 bis 18,8 Mittel 18,3	71 bis 99 Mittel 86	103 bis 299 Mittel 181	Mittel 0	0,53 bis 0,91 Mittel 0,78
An 24 Heiztagen mit täglich 1—3 Stunden Sonnenschein	−0,5 bis 10,1 Mittel 4,0	17,3 bis 18,9 Mittel 18,0	64 bis 92 Mittel 77	102 bis 293 Mittel 171	1,00 bis 3,00 Mittel 2,1	0,32 bis 0,77 Mittel 0,66
An 18 Heiztagen mit täglich über 6 Stunden Sonnenschein	−0,5 bis 9,9 Mittel 6,8	17,5 bis 18,8 Mittel 18,2	50 bis 80 Mittel 67	100 bis 296 Mittel 172	6,25 bis 11,65 Mittel 8,3	0,28 bis 0,71 Mittel 0,46

Tägliche Windwege über 300 km:

An 10 Heiztagen ohne Sonnenschein	2,5 bis 9,3 Mittel 5,1	17,6 bis 18,2 Mittel 17,9	74 bis 93 Mittel 85	302 bis 690 Mittel 421	Mittel 0	0,80 bis 1,02 Mittel 0,88
An 6 Heiztagen mit täglich 1—3 Stunden Sonnenschein	4,2 bis 10,7 Mittel 7,1	17,8 bis 18,4 Mittel 18,2	64 bis 76 Mittel 71	317 bis 500 Mittel 429	1,60 bis 2,85 Mittel 2,2	0,71 bis 0,89 Mittel 0,78
An 3 Heiztagen mit täglich über 6 Stunden Sonnenschein	4,1 bis 8,8 Mittel 6,5	17,9 bis 18,4 Mittel 18,1	49 bis 68 Mittel 60	353 bis 487 Mittel 404	6,10 bis 8,90 Mittel 7,0	0,45 bis 0,53 Mittel 0,49

Ganze Heizzeit 1936/37:

September 1936 bis und mit Mai 1937 (205 Heiztage) .	−2,9 bis 11,8 Mittel 4,2	17,1 bis 20,0 Mittel 18,2	49 bis 100 Mittel 79	40 bis 713 Mittel 202	0 bis 11,65 Mittel 2,21	0,28 bis 1,07 Mittel 0,70

[1] Nur auf die Heiztage bezogen. Angaben der Schweizerischen Meteorologischen Zentralanstalt.

und Bemessung der Heizkörper usw. in windreichen Lagen an die Wirkungen des Windes ebenso zu denken, wie an diejenigen der Temperaturschwankungen und der Sonne, wenn einwandfreie Verhältnisse erzielt werden sollen. Dagegen kommen sie bei den Berechnungen der Brennstoffbedarfe an Hand der Gradtage, in gleicher Weise wie diejenigen der Sonne, ganz von selbsr zum Ausdruck, sofern genügend lange Kontrollheizungen zur Bestimmung des Brennstoffbedarfes je Gradtag durchgeführt werden, oder wenn bei der theoretischen Berechnung nach Abschnitt IV die Vollbetriebsstundenzahlen St_v zur Bestimmung des Wertes C entsprechend gewählt werden. Für windreiche Lagen, im übrigen aber gleiche Verhältnisse, fällt die Brennstoffmenge je Gradtag dabei einfach etwas größer aus als für windgeschützte Stellungen.

5. Vom Einfluß des Windes auf das Kälteempfinden des menschlichen Körpers im Vergleich zum Heizwärmebedarf der Gebäude.

Es ist bekannt, daß der Wärmedurchgang durch Wände abhängig ist vom Wärmeübergang von der wärmeren Luft an die Wandoberfläche, von der Wärmedurchlässigkeit der Wand und schließlich vom Wärmeübergang an die kältere Luft. Nimmt die Luftbewegung, z. B. infolge von Wind zu, so steigen, wie bereits erwähnt wurde, die entsprechenden Wärmeübergangszahlen, und zwar ungefähr entsprechend den Quadratwurzeln aus der Luftgeschwindigkeit. Für die äußersten in Frage kommenden Windgeschwindigkeiten ändern sie sich daher etwa zwischen 5 und 50. Bei gleichen äußern Lufttemperaturen nehmen dadurch auch die Oberflächentemperaturen der Außenwände ab, was eine Steigerung des Wärmedurchganges zur Folge hat. Immerhin bewirkt eine Zunahme der Wärmeübergangszahl von 5 auf 50 nur eine geringe Erhöhung der Wärmedurchgangszahlen. Selbst bei einfachen Glasscheiben steigt sie zufolge des Windes im Höchstfall von etwa 3 auf 6. Die dadurch bewirkten Unterschiede in der Wärmeabgabe von 1 m² einfacher Glasscheibe von 3 mm Dicke

Zahlentafel 47.

Wärmeabgabe einer 3 mm dicken Glasscheibe in kcal/hm² bei 18° Raumtemperatur sowie verschiedenen Außentemperaturen und Windgeschwindigkeiten.

Wind-geschwin-digkeit m/s	Außentemperatur ° C			
	—20	—10	±0	+10
0,1	112	82	53	23
1	165	122	78	35
5	202	148	95	42
10	215	158	102	45
20	225	166	107	47

sind für 18° Raumtemperatur und verschiedene Außentemperaturen, sowie für Windgeschwindigkeiten von 0,1—20 m/s in Zahlentafel 47 angegeben. Je massiver die Wände sind, um so länger dauert es natürlich, bis sich die Abkühlung der äußern Oberfläche im Wärmebedarf der Räume bemerkbar macht.

Die derart festgestellten Unterschiede scheinen somit gering, wenn man an den Einfluß des Windes auf das Kältegefühl der unbekleideten und sogar der bekleideten Teile des menschlichen Körpers denkt. Es ist bekannt, daß selbst große Kälte bei Windstille leichter ertragen wird als mäßige Kälte bei Wind, besonders wenn die Luft außerdem noch neblig ist. Der Vorgang ist indessen beim menschlichen Körper ein anderer, indem sich hier das Kältegefühl entsprechend der abnehmenden Hauttemperatur augenblicklich bemerkbar macht[1]. Auch besteht

---

[1] Auf S. 4 seiner 1937 von der Eidgen. Techn. Hochschule in Zürich genehmigten Promotionsarbeit: „Neue elektrothermische Meßmethoden zur Kennzeichnung

gegenüber dem Vorgang bei Wänden ein Unterschied insofern, als bei steigendem Wärmeentzug von der Hautoberfläche sofort eine starke Wärmezuströmung aus dem Innern des Körpers einsetzt.

Beim Davoser Frigorimeter, das zur Bestimmung der sog. „Abkühlungsgröße" dient und heute schon an vielen meteorologischen Beobachtungsstellen zu finden ist, liegen die Verhältnisse insofern ähnlich wie beim menschlichen Körper, als die Wärme durch das gut leitende Kupfer auch hier mit großer Leichtigkeit aus dem Innern an die Oberfläche gelangt. Es ist daher verständlich, wenn das Frigorimeter mit dem menschlichen Körper in Vergleich gestellt wird, während eine solche Gegenüberstellung mit den Gebäuden zu Fehlschlüssen führen würde. Ich habe das an den Versuchshäuschen (Abb. 23 u. 24) und einem nicht weit davon, ebenfalls auf dem Dach des Physikgebäudes der E. T. H., aufgestellten Frigorimeter in den Versuchsberichten einwandfrei nachgewiesen. Die Kurven der Energieverbrauche des Versuchshäuschens und der Abkühlungsgrößen des Frigorimeters gingen z. T. weit auseinander.

Vorstehend wurde gezeigt, daß der Wärmedurchgang durch Wände außer vom Temperaturunterschied und der Luftbewegung auch vom Feuchtigkeitsgehalt der Mauern abhängig ist, indem bei Durchnässung der Entzug an Verdunstungswärme und die Wärmeleitfähigkeit des Wandmaterials gesteigert werden. In dieser Beziehung ist beim menschlichen Körper etwas ähnliches festzustellen, da bei feuchter Hautoberfläche der Entzug an Verdunstungswärme ebenfalls zunimmt und zudem feuchte Haut die Wärme gleichfalls besser leitet als trockene. Das hat in bezug auf das Kälteempfinden sogar zur Folge, daß schon kleine Luftbewegungen auf die Dauer sehr unangenehm empfunden werden, während kalte, stark bewegte, und außerdem womöglich noch neblige Luft, selbst bei dicker Bekleidung großes Unbehagen hervorrufen kann. Man spricht alsdann nicht umsonst von eisiger Luft, schneidendem Wind und beißender Kälte[1].

____

eines Raumklimas und deren Anwendung zum Vergleich von Radiatoren-, Fußboden- und Deckenheizung" kennzeichnet Dr. Roose das Wärmegefühl folgendermaßen: „Unmittelbar unter der Haut liegen die Kälte- und Wärmeempfindlichkeitspunkte, mit deren Hilfe die Hauttemperatur ins Zentralnervensystem gemeldet wird. Die Wärmeabgabe selbst ist nicht spürbar, wohl aber die dadurch bedingte Hauttemperatur. Diese ruft ein bestimmtes Wärmegefühl hervor. Die Summe der einzelnen lokalen Wärmegefühle der Haut ergibt das allgemeine Wärmegefühl.

Das Gesagte kann in dem Satz zusammengefaßt werden: Einer bestimmten Umgebung entspricht eine bestimmte Wärmeabgabe, was eine bestimmte Hauttemperatur und ein bestimmtes Wärmegefühl zur Folge hat. Dieses letztere variiert wieder von Mensch zu Mensch und beim einzelnen Menschen je nach seinem augenblicklichen Zustand, der Nahrungsaufnahme, der Ermüdung usw., was in der Praxis sehr häufig festgestellt werden kann."

[1] Dr. E. Brezina und Dr. W. Schmidt schreiben auf den S. 29, 31 und 33 ihres bereits erwähnten Buches „Das künstliche Klima in der Umgebung des Menschen": „Die wärmeentziehende Wirkung starker Luftströmungen — die entsprechend niedere Temperatur gegenüber der Körperoberfläche vorausgesetzt — ist bekannt. Weniger bekannt ist, daß auch Luftströmungen von so geringer Stärke, daß sie nicht wahrgenommen werden, also gemeinlich unter den Begriff der Windstille fallen (Strömungsgeschwindigkeiten unter 0,4—0,5 m/s), erhebliche Wärmemengen entziehen. Luftströmungen von 0,18—1,46 cm/s sind von deutlichen Wärmeverlusten gefolgt (M. Rubner); diese betragen 19—75% der Abgabe bei absoluter Windstille. Natürlich ist bei niederer Temperatur die Wirkung gleicher geringer Luftbewegungen deutlicher als bei höheren. Feuchte, kühle Luft führt zu einer gewissen Durchfeuchtung der Haut, wodurch diese ein besserer Wärmeleiter wird, der Wärmeentzug bei feuchter Luft ist daher größer als bei trockener gleicher Temperatur. Bei einer

Zahlentafel 48.

Stündlicher Wärmebedarf des in Abb. 51 mit 1 bezeichneten Arbeitsraumes bei 18° Innen- und —15° Außentemperatur unter verschiedenen Umständen.

Bezeichnung	Zustand der Außenmauern	Luftbewegung	Wärmedurchgangszahlen der		Vielfaches der stündlichen Lufterneuerung[2]	Wärmebedarf bei 18° Innen- und —15° Außentemperatur kcal/h	Unterschied gegenüber		
			Außenmauer[1]	Fenster[2]			a %	b %	c %
a	trocken	gering	1,08	2,35	0,5	5640	—	—22	—34
b	mittelfeucht	mittel	1,34	2,44	1,0	7240	+28	—	—15
c	Nord- und Südwand mittelfeucht, Westwand von Schlagregen stark durchfeuchtet	erheblich	1,36 Westwand 1,57	2,51	1,5	8520	+51	+18	—

[1] Nach Zahlentafel 45.　　[2] Nach dem unter Abschnitt VI 1 Gesagten.

Der Unterschied zwischen Kältegefühl und dem Wärmebedarf der Gebäude liegt also in folgendem: Während bei kühler und womöglich außerdem nebliger Luft schon geringe Luftbewegungen vom menschlichen Körper auf die Dauer sehr unangenehm empfunden werden, wird der Wärme- und damit der Brennstoffbedarf der Gebäude dadurch so gut wie gar nicht berührt. Bei tieferen Temperaturen kann das Kältegefühl durch größere Windgeschwindigkeiten sogar bis fast zur Unerträglichkeit gesteigert werden, während der Wärmedurchgang durch die vom Wind getroffenen Teile der Umfassungswände gegenüber bei Windstille auf höchstens etwa den doppelten Wert ansteigt. Da die derart betroffenen Wände zudem nur einen Teil der Wärmeabgabeflächen der Gebäude ausmachen, so bleibt der Bruchteil, um den der Gesamtwärmebedarf dadurch gesteigert wird, bedeutend unter 100%. Das Verhältnis wird allerdings ein wesentlich anderes, wenn die Umfassungswände erhebliche Undichtigkeiten aufweisen, wodurch bei Windanfall starke Querlüftung entsteht, so daß es, wie vorstehend bereits betont wurde, oft schwer hält, die auf der Windseite gelegenen Räume richtig zu erwärmen. In derartigen Fällen besteht eine gewisse Übereinstimmung zwischen Kältegefühl und Wärmebedarf der Gebäude, die, nach dem eben Gesagten, jedoch auf sehr ungleiche Art zustande kommt.

6. Beispiel für den Einfluß des Windes und seiner Folgen auf den Wärmebedarf eines Arbeitsraumes.

Wie groß die vom Wind und seinen Folgen hervorgerufenen Einflüsse auf den Wärmebedarf von Räumen sein können, sei an einem Beispiel gezeigt. Zahlentafel 48 enthält die Ergebnisse der Wärmebedarfsberechnung für Raum 1 des in Abbildung 51 wiedergegebenen Grundrisses. Die Berechnungen sind durchgeführt für —15° Außentemperatur, und zwar entsprechend der in Zahlen-

Zunahme der relativen Feuchtigkeit um 3% tritt eine Erhöhung der Wärmeabgabe um 1% ein.‘‘

tafel 48 angegebenen Unterteilung: a) für trockene Mauern und geringe Windgeschwindigkeiten; b) für mittelfeuchte Mauern und mittlere Windgeschwindigkeiten und c) für erhebliche Durchfeuchtung der Westseite, mittlere Durchfeuchtung der Nord- und der Südwand, sowie hohe Windgeschwindigkeiten.

Die in der üblichen Weise nach den Regeln DIN 4701 durchgeführte Wärmebedarfsberechnung ergibt einen stündlichen Wärmebedarf von rd. 7700 kcal. Er liegt also zwischen dem in Zahlentafel 48 angegebenen Wert für mittlere Verhältnisse und dem beim Zusammentreffen aller ungünstigen Einflüsse gefundenen Höchstwert.

Auch die an den Versuchshäuschen (Abb. 23 u. 24) festgestellten Heizstromverbrauche wurden mit den Ergebnissen der Wärmebedarfsberechnungen in Vergleich gestellt, wobei sich die in den Abb. 43 u. 44 dargestellten Verhältnisse ergaben. Man erkennt, daß die berechnete Wärmebedarfslinie bei der Bauausführung 1935/36 an der obern Grenze, bei der Bauausführung 1936/37 dagegen oberhalb sämtlicher durch den Versuch festgestellter Werte verläuft, obschon bei der Bauausführung 1936/37 die Wärmedurchgangszahl für Fenster mit vollständig abgedichteten Fugen zugrunde gelegt worden ist. Das beweist, daß die z. Zt. üblichen Wärmebedarfsberechnungen für

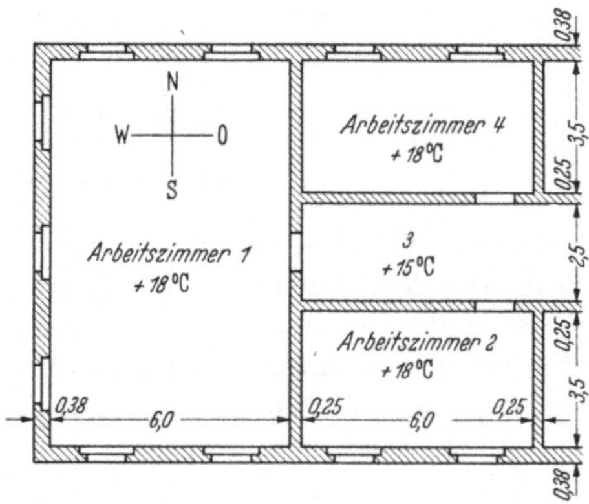

Abb. 51. Grundrißplan. Lichte Raumhöhe 3,5 m — Ganze Geschoßhöhe 3,8 m — Inhalt des Arbeitsraumes Nr. 1 = 210 m³ — Doppelfenster mit Holzrahmen: Breite 1,4 m, Höhe 2,3 m — Türen: Breite 1 m, Höhe 2,2 m — Darüber: Räume mit gleichen Temperaturen. Darunter: Unbeheizte Kellerräume, angenommene Temperatur + 5°.

Gebäude mit Ziegelsteinmauern und doppelt verglasten Fenstern gewöhnlicher Größe zweckentsprechende Ergebnisse, für Gebäude mit großen Fensterflächen, sofern gute Abdichtung der Fensterrahmen und -flügel, Rolladenkasten usw. besteht, dagegen unnötig hohe Werte ergibt. Nach den angestellten Untersuchungen beruht das, außer auf den reichlichen, bei großen einfachen Fenstern besonders stark zum Ausdruck kommenden Sicherheitszuschlägen, auf der Abkühlung der Luft längs den Glasscheiben, d. h. auf dem kleineren Temperaturgefälle zwischen innen und außen, als wie es der Berechnung zugrunde gelegt wird.

VII. Vom Einfluß des Nebels.

Unter Abschnitt VI 3 wurde gezeigt, daß feuchte, also z. B. von Schlagregen stark durchnäßte Mauern die Wärme erheblich besser leiten als trockene. Nebel ist jedoch in dieser Hinsicht von kleinem Einfluß, weil die Durchfeuchtung der Mauern durch Nebel nur sehr langsam vor sich geht. Ferner ist zu beachten, daß die Wärmeleitfähigkeit feuchter Luft ungefähr gleich ist wie diejenige trockener, so daß zufolge von Nebel auch keine Erhöhung der Wärmeableitung auftritt. Deshalb habe ich z. B. an dem Versuchshäuschen (Abb. 24), dessen Wände allerdings zur Hauptsache aus Glas bestanden und das daher nicht für alle Fälle maßgebend ist, überhaupt keinen Einfluß des Nebels auf den Wärmebedarf je Gradtag feststellen können, obschon der Winter 1936/37 in Zürich 6 Tage mit starkem, anhaltendem Nebel aufwies. An diesen Tagen betrugen die mittleren Außentemperaturen —2,3 bis +2,5°, die durchschnittlichen Feuchtigkeitsgehalte der Außenluft 98—100% und die täglichen Windwege 64—83 km. Sämtliche dieser Tage waren sonnenlos und wiesen Energieverbrauche von 0,68—0,77 kWh je Gradtag auf, die innerhalb den für sonnenlose Tage mit unter 100 km liegenden Windwegen allgemein festgestellten Grenzwerten von 0,66 und 0,80 liegen (vgl. Zahlentafel 46). An der Bauausführung 1935/36 (Abb. 23) konnten solche Untersuchungen leider nicht durchgeführt werden, weil im Winter 1935/36 in Zürich nur stundenweise, nie tagelang Nebel auftrat.

VIII. Vom Einfluß der Wärmeabstrahlung in sternklaren Nächten.

Daß die Wärmeabstrahlung von der Erdoberfläche nach dem Weltraum in sternklaren Nächten groß ist, ist bekannt[1]. Sie muß daher auch im Wärmeverbrauch der Gebäude nachweisbar sein. Ich habe die an dem Versuchshäuschen (Abb. 24) festgestellten Ergebnisse daraufhin geprüft und gebe in Zahlentafel 49 diejenigen von zwei hierfür besonders geeigneten Tagen wieder.

Zahlentafel 49.
Einfluß der Wärmeabstrahlung in sternklaren Nächten auf den
Energieverbrauch je Gradtag.

| Tag | Mittlere | | Windweg | Sonnen-schein-dauer | Energieverbrauch | |
| | Außentemperatur | relat. Feuchtigkeit | | | insgesamt | je Gradtag |
	°C	%	km	Stunden	kWh	kWh
9. Januar 1937	—0,5	67,0	272	7,85	13,65	0,71
10. Januar 1937	—2,7	68,7	84	7,90	13,37	0,62

Beide Male handelt es sich um Sonnenscheindauern von nahezu 8 Stunden, worauf jedesmal sternklare Nächte folgten. Kältespeicherung kam nicht in Frage, weil die mittleren Tagestemperaturen an den Vortagen höher lagen. Die relative Luftfeuchtigkeit war an beiden Tagen niedrig, desgleichen der Windweg am 10. Januar, während er am 9. Januar 272 km betrug und daher mithalf, den Energieverbrauch zu steigern. Die angegebenen Verbrauche von 0,62 und 0,71 kWh je Gradtag stellen nach Zahlentafel 46 für unter 100 km und zwischen 100 und 300 km liegende Windwege und Sonnenscheindauern von über 6 Stunden Höchstwerte dar. Für sämtliche übrigen Heiztage mit über 6 Stunden Sonnenscheindauer lagen sie zwischen 0,28 und 0,58 kWh. Bei den höheren dieser Werte mag z. T. ebenfalls eine größere nächtliche Wärmeabstrahlung mit im Spiele gewesen sein, wenn auch lange nicht in dem Maß wie am 9. und 10. Januar.

---

[1] Nach Brezina und Schmidt: Das künstliche Klima in der Umgebung des Menschen, S. 58, beträgt im Höchstfalle die Ausstrahlung in klaren Nächten für 1 m² waagerechte Fläche 2 kcal/m² min, für 1 m² senkrechte Fläche 0,8 kcal/m²min. Die Verfasser bemerken dazu: „Obwohl der Strahlungsumsatz wesentlich von der Temperatur der strahlenden Oberfläche abhängt, gelten die genannten Werte doch ziemlich allgemein, da eben auch die Luft ähnlich temperiert ist und auch dementsprechend zurückstrahlt".

IX. Luftfeuchtigkeit und Wasserverdunstung.

1. Die mittleren monatlichen und jährlichen Feuchtigkeitsgehalte der Außenluft.

Von den meteorologischen Beobachtungsstellen werden Temperatur und relative Feuchtigkeit der Außenluft gemessen. Die abgelesenen Temperaturen dürfen im allgemeinen als zuverlässig gelten, während den üblichen Feuchtigkeitsmessungen kein hoher Grad von Genauigkeit zukommt. Es werden dazu in der Regel Haarhygrometer verwendet, deren Anzeigen, trotz gelegentlicher Nachprüfungen, vielfach ungenau sind, und die Psychrometer versagen bei unter $0°$ liegenden Außentemperaturen infolge Vereisung.

Es bleibt jedoch nichts übrig, als die Angaben der meteorologischen Meßstellen zu benützen, und in der Regel genügen sie, trotz der erwähnten Mängel, den praktischen Anforderungen der Heiz- und Lüftungstechnik auch vollkommen. Zahlentafel 50 bezieht sich auf verschiedene Höhenlagen ü. M. Sie gibt Aufschluß über die in diesen Höhen herrschenden mittleren Barometerstände in mm Hg und die entsprechenden Drücke in ata, sowie über die Raumgewichte von $1\,m^3$ trockener Luft bei $0°$ in kg. Feuchte Luft ist etwas leichter. Bei 760 mm Hg Barometerstand wiegt z. B. $1\,m^3$ von $0°$ in trockenem Zustand 1,293 kg, vollkommen gesättigt nur 1,290 kg und von $20°$ in trockenem Zustand 1,205 kg, vollkommen gesättigt nur 1,195 kg[1]. Die Raumgewichte, wie auch die Rauminhalte der Luft lassen sich für alle in Frage kommenden Luftdrücke, Temperaturen und Wasserdampfgehalte in einfacher Weise an Hand der Jahnkeschen „Fluchttafeln für feuchte Luft" ermitteln[2].

In Zahlentafel 50 sind weiter die Sättigungsdrücke des Wasserdampfes, entsprechend den in Zahlentafel 22 enthaltenen und in Zahlentafel 50 nochmals wiedergegebenen mittleren Jahrestemperaturen vermerkt, sowie die diesen Temperaturen zukommenden höchstmöglichen absoluten Feuchtigkeitsgehalte der Luft in g/m^3.

Auf Grund der Angaben in dem Werk „Das Klima der Schweiz" sind weiter in Zahlentafel 51 für fünf ungleich hoch gelegene Orte der Schweiz und zum Vergleich außerdem für London, Valentia (Irland) und Thorshavn (Farör) die durchschnittlichen monatlichen Temperaturen, sowie die relativen und absoluten Feuchtigkeitsgehalte der Außenluft angegeben. Die letztgenannten sind, mit Ausnahme derjenigen von Thorshavn, außerdem in Abb. 52 aufgetragen und durch Kurven miteinander verbunden.

Aus Zahlentafel 51 erkennt man, daß an Orten mit Tallagen die mittleren relativen Feuchtigkeitsgehalte der Luft in den Sommermonaten kleiner als in den Wintermonaten sind, während auf Berggipfeln (Säntis) das umgekehrte Verhältnis besteht. Auffallend ist, daß die Tiefst- und Höchstwerte aller der in die Betrachtung einbezogenen Orte, trotz der außerordentlich großen klimatischen Unterschiede, nicht sehr weit auseinanderliegen. Am kleinsten sind sie mit 69 bis 82% in Lugano, am höchsten mit 81 bis 87% in Valentia.

---

[1] Vgl. z.B. Gröber, H.: Rietschels Heiz- und Lüftungstechnik, S. 264ff. Berlin: Julius Springer 1934.

[2] Jahnke, H.: Fluchttafeln für feuchte Luft. Berlin: Julius Springer 1937.

Zahlentafel 50. Verschiedene Angaben, be-

Höhenlage ü. M.	m	0	100	200	300	400	500	600
Mittlerer Barometerstand . . . mm Hg		760	751	742	733	724	716	707
Entsprechender Atmosphärendruck. ata		1,000	0,988	0,976	0,964	0,953	0,942	0,930
Entsprechendes mittleres Raumgewicht von 1 m³ trockener Luft von 0°. kg/m³		1,293	1,277	1,262	1,247	1,232	1,218	1,203
Mittlere Jahrestemperatur entsprechend Zahlentafel 22 . . . . °C		11,0	10,5	10,0	9,5	9,0	8,5	8,0
Sättigungsdruck des Wasserdampfes bei den vorstehend. Temperaturen mm Hg		9,84	9,55	9,21	8,90	8,61	8,33	8,05
Entsprechend höchstmöglicher absoluter Feuchtigkeitsgehalt. . . . . . .g/m³		10,0	9,7	9,4	9,1	8,8	8,5	8,2
Siedepunkt des Wassers. . . . . . °C		100,0	99,7	99,4	99,0	98,7	98,4	98,0
Wasserdampf { Wärmeinhalt des auf den Siedepunkt erwärmten Wassers, bezogen auf 0° . . . . kcal/kg		100,1	99,8	99,5	99,1	98,7	98,4	98,0
Wärmeinhalt des Dampfes[1]. kcal/kg		639,3	639,2	639,1	638,9	638,7	638,6	638,4
Verdampfungs- bzw. Kondensationswärme[1] . . . . kcal/kg		539,2	539,4	539,6	539,8	540,0	540,2	540,4

[1] Nach Mollier, R.: Neue Tabellen und Diagramme für Wasserdampf. Berlin: Julius Springer 1932.

Die absoluten Feuchtigkeitsgehalte sind im Sommer an allen Orten höher als im Winter. Aus Abb. 52 ergibt sich ferner, daß sie mit zunehmender Höhe ü. M. durchweg abnehmen. In London und Valentia sind die Schwankungen jedoch viel geringer als an den schweizerischen Orten, insbesondere sind daselbst die Winterwerte erheblich höher. Das hat zur Folge, daß sich das englische Klima für die Textilindustrie vorzüglich eignet, während in den Spinnereien und Webereien des europäischen Kontinents bekanntlich besondere Klimaanlagen erstellt werden müssen. Für Thorshavn verläuft die Monatskurve der absoluten Feuchtigkeit sogar noch etwas flacher und im Durchschnitt um etwa 2 g/m³ tiefer als diejenige

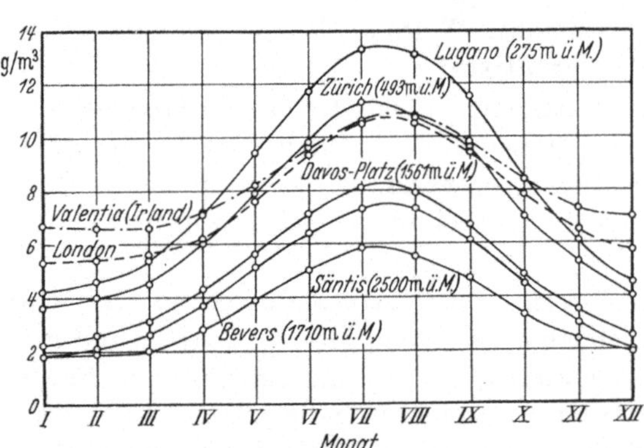

Abb. 52. Mittlerer absoluter Feuchtigkeitsgehalt der Luft in den verschiedenen Monaten an vier ungleich hoch gelegenen Orten der Schweiz und im Vergleich dazu in London und Valentia (Irland).

Valentias. Um die Übersichtlichkeit nicht zu stören, wurde sie aus Abb. 52 weggelassen.

In gleicher Weise habe ich auf Grund der mittleren Jahrestemperaturen und der mittleren relativen Feuchtigkeitsgehalte für eine größere Zahl von Orten auch die durchschnittlichen jährlichen absoluten Feuchtigkeitsgehalte der Luft ausgerechnet und die Werte in Anhängigkeit von den Höhenlagen ü. M. aufgetragen. Im Mittel ergaben sich dabei für 300 m Höhe 7,3 g/m³, für 1000 m 5,5 g/m³, für 1500 m 4,6 g/m³, für 2000 m 3,8 g/m³ und für 2500 m 3,1 g/m³ [1].

[1] Vgl. Hottinger: Einiges über Luftfeuchtigkeit. Gesundh.-Ing. Bd. 61 (1938) H.16, Abb.1.

zogen auf Höhenlagen von 0 bis 4000 m ü. M.

700	800	900	1000	1200	1400	1600	1800	2000	2500	3000	3500	4000
699	690	682	674	658	643	628	612	598	563	530	500	470
0,920	0,908	0,897	0,887	0,866	0,846	0,826	0,805	0,787	0,741	0,697	0,658	0,618
1,189	1,174	1,160	1,146	1,119	1,094	1,068	1,041	1,017	0,958	0,902	0,850	0,799
7,5	7,0	6,5	6,0	4,9	3,8	2,8	1,8	0,8	—1,8	—4,3	—6,8	—9,4
7,77	7,51	7,26	7,01	6,52	6,01	5,60	5,20	4,85	3,95	3,20	2,57	2,05
8,0	7,7	7,5	7,3	6,8	6,3	5,9	5,5	5,1	4,2	3,4	2,8	2,3
97,7	97,4	97,0	96,7	96,0	95,4	94,7	94,1	93,5	91,9	90,2	88,6	87,0
97,7	97,4	97,0	96,7	96,0	95,4	94,7	94,1	93,5	91,9	90,2	88,6	87,0
638,3	638,2	638,0	637,9	637,6	637,4	637,1	636,9	636,7	636,0	635,3	634,7	634,1
540,6	540,8	541,0	541,2	541,6	542,0	542,4	542,8	543,2	544,1	545,1	546,1	547,1

In der weiter hinten folgenden Zahlentafel 54 sind für die vorstehend angegebenen Orte auch die mittleren Jahrestemperaturen sowie die Jahresdurchschnitte der relativen und absoluten Feuchtigkeitsgehalte angegeben. Leider beziehen sie sich z. T. auf verschiedene Zeitabschnitte, so daß sie streng genommen nicht unmittelbar miteinander vergleichbar sind, doch stehen keine besseren
Angaben zur Verfügung. Für die hier zu gewinnende allgemeine Übersicht genügen sie.

Vor allem fällt auf, daß die durchschnittlichen relativen Feuchtigkeitsgehalte
verhältnismäßig kleine Unterschiede aufweisen. Wie zu erwarten war, sind sie mit
84 und 83% am größten in Valentia und Thorshavn, während die übrigen
Werte mit 76—80%, trotz der außerordentlich ungleichen klimatischen Verhältnisse der verschiedenen Orte, nur wenig voneinander abweichen.

Die durchschnittliche absolute Feuchtigkeit ist am größten in Valentia, dann
folgen Lugano, London, Zürich, Thorshavn, Davos, Bevers und Säntis. Daß die
Zahlen für Zürich und Thorshavn (6,5 und 6,1) nahezu gleich sind, kommt daher,
weil Thorshavn bei größerer relativer Feuchtigkeit eine tiefere mittlere Jahrestemperatur aufweist (6,3 gegen 8,5°).

2. Der mittlere tägliche Verlauf der Luftfeuchtigkeit.

Für vier der vorstehend genannten Orte gibt Zahlentafel 52 Aufschluß über
die durchschnittlichen relativen und absoluten Feuchtigkeitsgehalte der Luft
um 7, 13 und 21 Uhr. Daraus ergibt sich, daß die relative Feuchtigkeit mit der
tagsüber ansteigenden Temperatur ab-, gegen Abend dagegen wieder zunimmt,
während die täglichen Schwankungen der absoluten Feuchtigkeit, selbst bei
großen Veränderungen der Temperatur und relativen Feuchtigkeit, sehr gering
sind.

An Einzeltagen verläuft die Änderung des Wassergehaltes je m³, d. h. der
absoluten Feuchtigkeit, je nach der herrschenden Witterung verschieden. Greift
man dagegen die Monatsmittel des täglichen Verlaufes heraus, so ergibt sich, daß

Zahlentafel 51. Mittlere Monatstemperaturen sowie relative und absolute Feuchtigkeitsgehalte der Außenluft an fünf in verschiedenen Höhen ü. M. gelegenen Orten der Schweiz, in London und Valentia (Irland).

Monat	Mittlere Monatstemperatur °C	Mittlerer relativer Feuchtigkeitsgehalt %	Mittlerer absoluter Feuchtigkeitsgehalt g/m³	Mittlere Monatstemperatur °C	Mittlerer relativer Feuchtigkeitsgehalt %	Mittlerer absoluter Feuchtigkeitsgehalt g/m³
	Lugano (275 m ü. M.)			Säntis (2500 m ü. M.)		
Januar . . .	1,3	80	4,2	—8,8	75	1,8
Februar. . .	3,5	75	4,6	—8,7	76	1,8
März	6,9	70	5,4	—8,4	80	2,0
April	11,4	69	7,1	—4,7	83	2,7
Mai	15,1	73	9,4	—0,8	85	3,8
Juni	19,1	72	11,7	2,5	86	4,9
Juli	21,5	71	13,3	5,0	85	5,8
August . . .	20,5	74	13,1	4,7	83	5,5
September .	17,2	79	11,5	2,9	80	4,7
Oktober. . .	11,5	82	8,4	—1,7	78	3,3
November. .	6,2	82	6,1	—5,1	75	2,4
Dezember . .	2,3	80	4,5	—8,1	76	1,9
	Zürich (493 m ü. M.)			London (6 m ü. M.)		
Januar . . .	—1,4	84	3,6	3,9	84	5,3
Februar. . .	0,8	79	4,0	4,5	82	5,4
März	3,8	72	4,5	5,7	79	5,6
April	8,8	70	6,0	8,4	75	6,2
Mai	12,9	71	7,9	11,6	73	7,6
Juni	16,5	70	9,8	15,0	73	9,3
Juli	18,4	72	11,3	16,9	73	10,5
August . . .	17,3	73	10,7	16,3	76	10,5
September .	14,2	79	9,6	13,8	79	9,4
Oktober. . .	8,4	83	7,0	9,8	85	7,8
November. .	3,6	86	5,3	6,6	86	6,5
Dezember . .	—0,6	86	4,0	4,6	86	5,7
	Davos-Pl. (1561 m ü. M.)			Valentia (Irl.) 9 m ü. M.		
Januar . . .	—7,4	82	2,2	7,1	86	6,7
Februar. . .	—5,1	80	2,6	7,0	85	6,6
März	—2,6	78	3,1	7,4	84	6,6
April	2,3	76	4,3	9,0	82	7,2
Mai	6,7	73	5,6	11,3	81	8,2
Juni	10,2	75	7,1	13,8	82	9,6
Juli	12,1	76	8,1	14,9	84	10,6
August . . .	11,2	78	7,9	15,0	85	10,8
September .	8,4	80	6,7	13,6	84	9,8
Oktober. . .	3,3	79	4,8	10,9	84	8,4
November. .	—1,3	81	3,5	8,6	86	7,3
Dezember . .	—6,1	83	2,5	7,5	87	7,0
	Bevers (1710 m ü. M.)			Thorshavn (9 m ü. M.)		
Januar . . .	—9,9	82	1,8	3,2	83	5,0
Februar. . .	—7,4	78	2,1	3,1	82	4,9
März	—4,2	76	2,6	3,0	80	4,8
April	0,7	74	3,7	4,9	81	5,5
Mai	5,8	71	5,1	6,8	81	6,2
Juni	9,6	70	6,4	9,3	83	7,4
Juli	11,8	70	7,3	10,6	86	8,4
August . . .	10,7	74	7,3	10,4	86	8,3
September .	7,7	76	6,1	9,1	85	7,5
Oktober. . .	2,4	78	4,5	6,7	85	6,5
November. .	—3,3	81	3,0	4,7	84	5,6
Dezember . .	—8,9	83	2,0	3,5	83	5,1

Die mittleren Monatstemperaturen und die relativen Feuchtigkeiten beziehen sich bei einzelnen der Orte auf verschiedene Zeitabschnitte. Bessere Angaben konnten jedoch nicht erhalten werden.

der absolute Wassergehalt der Luft über Mittag in der Regel etwas ansteigt, in den heißesten Monaten an einzelnen Orten, trotz der starken Wasserverdunstung, dagegen nahezu gleich bleibt oder schwach sinkt. Das dürfte damit zusammenhängen, daß die Sonne die Erdoberfläche und damit auch die unterste Luftschicht daselbst über Mittag besonders stark erwärmt, wodurch sie sich nach oben zu ausdehnt und außerdem aufsteigende Konvektionsströmungen entstehen. Der Auftrieb der Luft wird auch erhöht, weil sie der starken Wasserverdunstung wegen feuchter und daher leichter wird. Daß in der Tat in der heißesten Jahreszeit viel Feuchtigkeit in höhere Luftschichten hinaufgelangt, geht z. B. aus den Angaben des Säntis-Observatoriums hervor, indem hier in den Sommermonaten der absolute Feuchtigkeitsgehalt der Luft über Mittag erheblich stärker ansteigt als in den Wintermonaten. Da sich die Luft beim Aufstieg in hö-

Zahlentafel 52. Mittlere Temperaturen, sowie mittlere relative und absolute Feuchtigkeitsgehalte der Luft in den verschiedenen Monaten um 7, 13 und 21 Uhr in Zürich, Bevers und auf dem Säntis (nach „Das Klima der Schweiz") und in Valentia (Irland) (nach „The British meteorological and magnetic Year Book 1916, Teil IV)".

Monat	Zeit								
	7 Uhr			13 Uhr			21 Uhr		
	Mittlere Temperatur °C	Mittlere relative Feuchtigkeit %	absolute Feuchtigkeit g/m³	Mittlere Temperatur °C	Mittlere relative Feuchtigkeit %	absolute Feuchtigkeit g/m³	Mittlere Temperatur °C	Mittlere relative Feuchtigkeit %	absolute Feuchtigkeit g/m³
Zürich (493 m ü. M.)									
Januar . . .	—2,7	90	3,5	0,2	76	3,7	—1,6	87	3,7
Februar. . .	—1,3	89	3,9	3,2	66	4,0	0,7	81	4,1
März	1,2	85	4,4	6,9	58	4,5	3,6	74	4,6
April	6,0	82	6,0	12,4	56	6,1	8,5	71	6,0
Mai	10,6	81	7,9	16,5	58	8,1	12,2	75	8,1
Juni	14,6	79	9,8	20,2	57	9,9	15,7	75	10,0
Juli	16,4	81	11,2	22,3	58	11,4	17,5	77	11,4
August . . .	15,0	84	10,7	21,2	56	10,3	16,5	78	10,9
September .	11,6	90	9,8	18,1	62	9,5	13,5	85	9,8
Oktober. . .	6,4	92	6,9	11,3	70	7,1	7,9	88	7,2
November. .	2,3	92	5,2	5,5	78	5,5	3,3	89	5,4
Dezember . .	—1,5	90	3,9	0,8	79	4,0	—0,8	88	4,0
Bevers, Engadin (1710 m ü. M.)									
Januar . . .	—13,2	92	1,7	—5,2	69	2,2	—10,7	86	1,9
Februar. . .	—11,8	91	1,9	—1,6	61	2,6	—8,1	82	2,1
März	—8,5	89	2,2	1,3	58	3,1	—4,8	81	2,7
April	—2,6	87	3,4	5,4	55	3,8	0,1	81	3,9
Mai	3,7	82	5,1	10,4	51	4,9	4,7	79	5,3
Juni	7,6	81	6,5	14,3	51	6,2	8,4	79	6,6
Juli	9,0	85	7,5	17,1	47	6,8	10,5	79	7,7
August . . .	7,1	91	7,1	16,4	49	6,8	9,7	82	7,5
September .	3,5	93	5,7	13,8	51	6,0	6,8	85	6,5
Oktober. . .	—1,1	93	4,0	8,0	55	4,8	1,4	85	4,5
November. .	—6,4	93	2,7	1,7	62	3,4	—4,3	87	3,0
Dezember . .	—11,6	91	1,9	—4,7	70	2,3	—9,7	88	2,1
Observatorium Säntisgipfel (2500 m ü. M.)									
Januar . . .	—8,8	76	1,8	—7,6	73	1,8	—8,6	75	1,8
Februar. . .	—9,1	76	1,8	—7,5	74	1,9	—8,8	76	1,8
März	—8,3	81	2,0	—6,7	78	2,2	—8,2	82	2,1
April	—5,1	83	2,7	—3,3	80	3,0	—5,1	86	2,8
Mai	—2,2	85	3,5	—0,4	83	3,9	—2,2	89	3,6
Juni	2,3	84	4,8	4,2	85	5,5	2,2	89	5,0
Juli	4,5	84	5,5	6,7	84	6,4	4,5	87	5,7
August . . .	4,0	82	5,2	6,3	82	6,1	4,2	85	5,5
September .	2,7	80	4,7	4,6	80	5,3	2,7	81	4,7
Oktober. . .	—1,5	79	3,4	—0,1	77	3,7	—1,3	79	3,4
November. .	—3,9	76	2,7	—2,6	73	2,9	—3,9	77	2,7
Dezember . .	—7,8	77	2,0	—6,8	75	2,1	—7,6	76	2,0
Valentia, Südwestküste Irlands (9 m ü. M.)									
Januar . . .	6,7	87,1	6,6	7,9	84,3	6,9	6,9	86,6	6,6
Februar. . .	6,4	87,1	6,5	8,1	81,7	6,7	6,8	86,1	6,6
März	6,2	87,3	6,4	8,9	78,2	6,8	7,1	85,0	6,6
April	7,7	86,5	7,0	10,9	75,8	7,5	8,6	84,5	7,2
Mai	10,2	85,6	8,1	13,2	74,5	8,4	10,8	83,8	8,3
Juni	12,9	85,3	9,6	15,7	75,4	10,2	13,2	84,3	9,6
Juli	14,0	87,7	10,5	16,7	77,9	11,0	14,4	85,9	10,5
August . . .	13,9	88,9	10,5	16,9	78,5	11,3	14,4	86,9	10,6
September .	12,3	88,0	9,5	15,5	77,8	10,3	13,2	86,2	8,7
Oktober. . .	10,0	87,2	8,2	12,3	79,4	8,6	10,6	85,6	8,3
November. .	8,1	87,7	7,2	9,7	82,4	7,6	8,4	86,2	7,2
Dezember . .	7,1	88,0	6,8	8,3	85,5	7,1	7,4	87,8	6,9

Die Temperaturen beziehen sich auf folgende Zeitabschnitte: Zürich und Bevers 1864—1900, Säntis 1894—1903, Valentia 1871—1915 und die Feuchtigkeiten auf die Zeitabschnitte: Zürich 1891—1900. Bevers 1864—1900. Säntis 1883—1900, Valentia 1886—1915.

here Lagen abkühlt, ist die im Sommer über Mittag in der Höhe vielfach auftretende Wolkenbildung leicht erklärlich.

Vorübergehend steigen die relativen Feuchtigkeitsgehalte selbstverständlich oft bis 100%, während man anderseits, in der Schweiz besonders bei starken Föhnlagen, schon vielfach Feuchtigkeitsgehalte von 15 bis 8% beobachtet hat.

In Abb. 53 sind nach den Angaben in The British meteorological and magnetic Year Book, 1916, Teil IV, noch die durchschnittlichen Temperaturen und Feuchtigkeitsgehalte der Luft, ferner die mittleren Windgeschwindigkeiten und Sonnenscheindauern in London (Kew Observatorium, Richemond) stundenweise für die Monate Januar und Juli, sowie das ganze Jahr, wiedergegeben. Leider liegen so eingehende Angaben nur für wenige Orte vor.

3. Die Feuchtigkeit der Raumluft.

Während nach dem vorstehend Gesagten für Orte mit Tallagen die mittlere relative Feuchtigkeit der Außenluft in den Wintermonaten höher als im Sommer ist, sinkt sie in den Räumen während der Heizzeit erheblich. Dauernde relative Feuchtigkeitsgehalte bei 18 bis 20° Raumtemperatur von 40%, bei tiefen Außentemperaturen und lang andauernder Kälte sogar von 30% und noch weniger sind alsdann keine Seltenheit. Anderseits ist schon wiederholt festgestellt worden, daß der absolute Wassergehalt der Raumluft dabei höher als derjenige der Außenluft ist. Ich habe dies sogar an dem bereits erwähnten, auf dem Dach des Physikgebäudes der E. T. H. in Zürich aufgestellten Versuchshäuschen gefunden, wo die absolute Feuchtigkeit der Innenluft gegenüber derjenigen der Außenluft bei den häufig vorgenommenen Überprüfungen stets um 2,0 bis 2,5 g/m³ höher war.

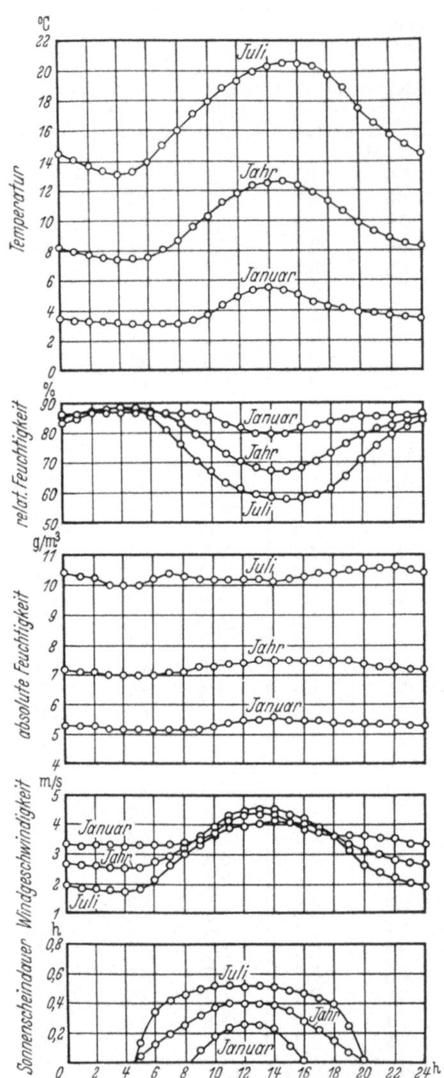

Abb. 53. Durchschnittlicher täglicher Verlauf der Temperatur, der relativen und absoluten Feuchtigkeit der Außenluft sowie mittlere stündliche Windgeschwindigkeiten und Sonnenscheindauern im Januar, Juli und Jahr in London (Kew Observatorium, Richemond).

Das Ergebnis ist um so bemerkenswerter, als die gut abgedichteten Fenster nie geöffnet wurden und die Innentemperatur durch die selbsttätigen Regler dauernd nahezu gleich gehalten wurde, indessen die Temperatur im Freien innerhalb weiter Grenzen schwankte und die Witterung auch sonst, bezüglich Wind, Regen, Nebel usw. große Unterschiede aufwies.

Diese Feststellungen sind übrigens in guter Übereinstimmung mit Ergebnissen, die von K. Egloff in Davos gewonnen wurden[1]. Er schreibt:

„Die absolute Feuchtigkeit im Freien und im geschlossenen Zimmer weist einen deutlichen parallelen Jahresgang, mit dem Maximum im Sommer und dem Minimum im Winter auf, wobei die Zimmerwerte stets um 1—2 mm Hg höher liegen, als die Freiluftwerte. Der Dampfdruck im geheizten Zimmer steigt mit der Lufttemperatur in linearer Proportion, eine Erscheinung, für deren Erklärung wir die mit steigender Temperatur abnehmende Adsorptionsfähigkeit des Mauermaterials verantwortlich zu machen geneigt sind.

Die relative Feuchtigkeit im Freien weicht im Laufe des Jahres nur um sehr geringe Beträge vom Mittelwert (78%) ab, da der tieferen Temperatur des Winters auch ein geringerer Sättigungsdruck entspricht. Im Zimmer dagegen bewirkt der kleinere Dampfdruck der Wintermonate, bei gleichzeitig fast unveränderter Lufttemperatur eine wesentliche Verringerung der relativen Feuchtigkeit.

Dem für das Hochgebirgsklima typischen geringen Dampfdruck entspricht ein sehr hohes physiologisches Sättigungsdefizit, das einen der wichtigsten therapeutischen Faktoren darstellt, insbesondere was exsudative Erkrankungen der Atmungsorgane anbetrifft.“

Auch Liese ist zu ähnlichen Feststellungen gelangt[2].

4. Die Auswirkungen trockener und feuchter Luft, sowie die von den Klimaanlagen innezuhaltenden Feuchtigkeitsgehalte.

Bei der Beurteilung der Auswirkungen der Luftfeuchtigkeit hat man zwischen denjenigen auf den menschlichen Körper einerseits und denjenigen auf die toten Gegenstände und die Pflanzen anderseits zu unterscheiden.

In Abb. 54 sind die absoluten Feuchtigkeitsgehalte der Luft bei verschiedenen Temperaturen und relativen Sättigungen dargestellt, sowie gestrichelt die ungefähren Behaglichkeitsgrenzen eingetragen. Überschreitet die Feuchtigkeit die Kurve a, so wird die Luft von der Mehrzahl der Menschen als zu feucht, unterschreitet sie die Kurve b, als zu trocken empfunden. Die Darstellung bezieht sich sowohl auf Innenräume als das Freie, wobei die Luft jedoch als nahezu ruhend angenommen ist. Im Freien treten bisweilen auch über der Kurve a liegende Feuchtigkeitsgehalte auf, die daselbst bei warmen Temperaturen und bewegter Luft nicht als lästig empfunden werden, während Wind bei niederen Temperaturen das von übermäßig feuchter, insbesondere nebliger Luft hervorgerufene Kälteempfinden noch steigert (vgl. Abschnitt VI 5). Auch andere Umstände tragen dazu bei, daß die Kurven a und b nicht als unbedingt feststehend anzusehen sind. So kann z. B. beobachtet werden, daß der gleiche Luftzustand im Freien bei stark ausgetrocknetem Boden als angenehm, bei durch Regen oder Schneeschmelze durchnäßtem Boden dagegen als unangenehm feucht empfunden wird. Desgleichen empfindet man oft Luft von bestimmter Temperatur und Feuchtigkeit in einem gut gelüfteten und durchsonnten Zimmer als äußerst angenehm, in einem nach Norden gelegenen, im übrigen aber gleich beschaffenen dagegen als weit weniger befriedigend. Es spielen außer Temperatur und Feuchtigkeit eben noch andere Einflüsse auf das Behagen mit wie: Luftbewegung, in der Luft befindliche Kondensationskerne, Ionen, Zustand der Zimmerwände (ähnlich wie

---

[1] Egloff, K.: Über das Klima im Zimmer und seine Beziehungen zum Außenklima, mit besonderer Berücksichtigung von Feuchtigkeit, Staub und Ionengehalt der Luft. Diss. E.T.H., Zürich.

[2] Liese: Luftbefeuchtung in beheizten Räumen. Dtsch. med. Wschr. (1933) H. 33 S. 1172 und Rietschels Heiz- und Lüftungstechnik, X. Aufl., S. 237.

des Bodens im Freien) usw.[1]. Ferner kommt es auf die Betätigungsart an. Während man bei sitzender Beschäftigung Luftzustände, die der Kurve *a* nahekommen, als angenehm bezeichnet, ist es bei der Ausübung schwerer Körperarbeit, insbesondere bei hohen Temperaturen, zur Vermeidung allzu starker Schweißbildung zweckmäßiger, wenn sich die Luftzustände möglichst der Behaglichkeitskurve *b* nähern.

Um festzustellen, wie die für längere Zeitabschnitte ermittelten durchschnittlichen Feuchtigkeitsgehalte der Außenluft in Abb. 54 hineinpassen, habe ich die betreffenden Punkte für eine große Zahl von Orten eingetragen und gefunden, daß sie durchweg etwas unter Kurve *a* zu liegen kamen.

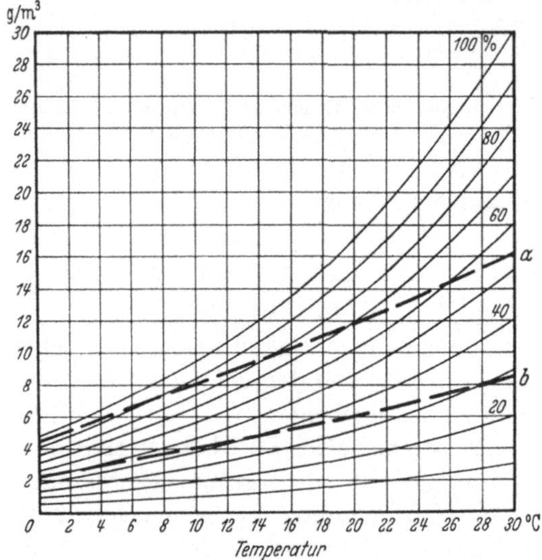

Abb. 54. Absolute Feuchtigkeit der Luft bei verschiedenen Temperaturen und relativen Feuchtigkeitsgehalten. Die gestrichelt eingetragenen Kurven *a* und *b* entsprechen den ungefähren Behaglichkeitsgrenzen bei ruhender Luft.

Hinsichtlich des Behaglichkeitsgefühls ist allerdings zu beachten, daß es von Mensch zu Mensch und selbst bei ein und derselben Person je nach Körperzustand, Bekleidung und Betätigungsart verschieden ist. Ein bestimmtes Organ, um festzustellen, ob die Luft feucht oder trocken ist, besitzt der menschliche Körper nicht. Es handelt sich nur um Wahrnehmungen, wie trockene Lippen und Haut, die bei langem Andauern der Trockenheit zu Rißbildung neigt, Entzündungen der Atemwege und Augenlider und ähnliches. Bekannt ist jedoch auch, daß das Trockenheitsgefühl bisweilen durchaus nicht auf zu großer Trockenheit der Luft, sondern auf Staubteilchen (Kondensationskernen) und den Schwelerzeugnissen von versengtem Staub beruht, die von den an den Heizkörpern aufsteigenden Luftströmen mitgenommen und in die Räume hinausgetragen werden. Reinlichkeit, insbesondere in bezug auf die Heizflächen, ist daher besonders wichtig.

Obschon das Behaglichkeitsgefühl demnach in hohem Grade persönlicher Natur ist, ist man auf Grund zahlreicher Beobachtungen und Untersuchungen doch dazu gelangt, z. B. für Klimaanlagen, die zur Innehaltung bestimmter Innenklimaverhältnisse in Versammlungssälen, Theatern usw. dienen sollen, gewisse Forderungen aufzustellen.

Ich erwähne z. B. die vom **Verein Deutscher Ingenieure** im Jahre 1937 herausgegebenen Regeln zur Lüftung von Versammlungsräumen. Daselbst sind die von den Klimaanlagen innezuhaltenden Temperaturen und relativen Feuchtig-

---

[1] Vgl. z. B. Witz, H. E.: Die Frage der Klimatisierung. Gesundh.-Ing. Bd. 60 (1937) S. 611. — Meixner, A.: Der Einfluß der Luftelektrizität bei Lüftungs- und Klimaanlagen, Gesundh.-Ing. Bd. 60 (1937) S. 782/785. — Dufton, A. F.: Die eingeatmete Luft. J. Inst. Heat & Vent. Engr. Bd. 5 (1937) H. 53, S. 200/223 und J. Heat. & Vent. Engr. Bd. 11 (1937) H. 121, S. 22/28. Kurzer Bericht im Gesundh.-Ing. 60 (1937) S. 795.

keitsgehalte der Raumluft entsprechend Zahlentafel 53 festgelegt. Dazu wird bemerkt: Die Werte gelten unabhängig vom Wetter sowie von der Stärke der Raumbesetzung, jedoch ist mit Rücksicht auf örtliche Verschiedenheiten und zeitliche Schwankungen bezüglich der Temperatur eine Abweichung von $\pm 2°$ zuzulassen.

Zahlentafel 53.
Bei der Erstellung von Klimaanlagen für Versammlungssäle zu gewährleistende Temperaturen und Feuchtigkeitsgehalte.
(Nach den vom VDI herausgegebenen Regeln zur Lüftung von Versammlungsräumen.)

	Winter	Sommer			
		Außentemperatur ° C			
	—	20	25	30	35
Innezuhaltende Innentemperatur. . ° C	20	21,5	22	25	27
Untere zulässige Grenze der relativen Luftfeuchtigkeit . . . . %	35				
Obere zulässige Grenze der relativen Luftfeuchtigkeit . . . . %	70	70	70	60	60

Auch bei in der Schweiz erstellten Klimaanlagen sind ähnliche Verhältnisse zugrunde gelegt worden. So wurden z. B. für die Sommerverhältnisse im Radio-Studio Lausanne[1] gewährleistet: 22° Raumtemperatur und 65% relative Feuchtigkeit, im Lichtspieltheater St. Urban in Zürich 25° und 60% für den Sommer und 22° und 40% für den Winter, ferner im Lichtspieltheater Rex in Zürich im Sommer bis zu Außentemperaturen von 32° am trockenen und 20° am nassen Thermometer 24 bis 25° Raumtemperatur und 60 bis 65% relative Feuchtigkeit bei voller Besetzung des Zuschauerraumes und im Winter bis zu —20° Außentemperatur 20 bis 21° und 50% relative Feuchtigkeit[2].

Trägt man die entsprechenden Punkte in Abb. 54 ein, so erkennt man, daß sie nicht weit von den Kurven a und b entfernt liegen. Auch eine große Zahl eigener Beobachtungen von Luftzuständen im Freien und in Räumen, sowie der entsprechenden Behaglichkeitsverhältnisse haben die Brauchbarkeit der Kurventafel erwiesen. Wenn die Kurven a und b also auch nicht als unbedingt sichere und scharfe Grenzen anzusprechen sind, so lassen sich aus der Darstellung doch beachtliche Schlüsse ziehen. So erkennt man beispielsweise, daß ein absoluter Feuchtigkeitsgehalt von etwas über 4 g/m³ bei 0° an der oberen, bei 12° dagegen an der unteren Behaglichkeitsgrenze liegt. Schon vor Jahren hat der bekannte Zürcher Hygieniker v. Gonzenbach darauf hingewiesen, daß sich noch nie jemand bei 0° und völlig gesättigter Luft im Freien über zu trockene Luft beklagt hat, während Zimmerluft von 20° mit ungefähr dem gleichen absoluten Feuchtigkeitsgehalt als sehr trocken gilt[3]. Abb. 54 entspricht dieser Überlegung vollkommen.

Auf den Behaglichkeitsbereich, wie er sich mit dem trockenen und feuchten Hillschen Katathermometer und dem Frigorimeter feststellen läßt, will ich hier

[1] Hottinger, M.: Die Luftkonditionierungsanlage im neuen Radio-Studio in Lausanne. Schweiz. techn. Z. (1935) S. 745/747.
[2] Schweiz. Techn. Zt. (1936) H. 30.
[3] Vgl. Hottinger, M. und v. Gonzenbach: Die Heiz- und Lüftungsanlagen in den verschiedenen Gebäudearten. S. 4. Berlin: Julius Springer 1929.

nicht eintreten, da dies zu weit führen würde und auch weil im neueren Schrifttum wiederholt Angaben hierüber erschienen sind, die indessen erkennen lassen, daß die betreffenden Forschungen, insbesondere für auf verschiedene Weise geheizte Räume (Heizkörper-, Decken-, Fußboden-, Luftheizung usw.) noch nicht zum Abschluß gelangt sind. Möglicherweise wird dies aus den bereits angegebenen Gründen überhaupt nie ganz möglich sein.

Allgemein läßt sich sagen, daß für den gesunden menschlichen Körper trockene Luft weniger lästig oder gar schädlich ist als sehr feuchte. Wer mit Luftheizungen und Trockenanlagen zu tun hat, kommt gelegentlich in den Fall, sich in bis zu 50grädiger und für kurze Zeit in noch höher (bis über 100°) erwärmter, außerordentlich trockener Luft aufhalten zu müssen. Abgesehen von einem sich dabei einstellenden Durstgefühl, dem abgeholfen werden kann, fühlen sich gesunde und entsprechend bekleidete Menschen dabei nicht allzu unbehaglich. Demgegenüber erzeugt feuchtwarme Luft Wärmestauungen, und heißfeuchte brennt direkt auf der Haut. Bei feuchtwarmer Luft nehmen bekanntlich auch die körperliche und die geistige Leistungsfähigkeit erheblich ab. Das tritt an feuchtwarmen Sommer- und Herbsttagen deutlich in Erscheinung und ist auch an Hand von Versuchen einwandfrei nachgewiesen worden. Allgemein bekannt ist das Unbehagen, welches warmfeuchte, schwüle Treibhausluft hervorruft. Und ebenso fühlt man sich außerordentlich unbehaglich, wenn die Atmosphäre warmfeucht ist und einen Dunstschleier aufweist, durch den die Sonne stechend hindurchscheint, so daß man beim Gehen zum Schwitzen kommt, ohne richtig verdunsten zu können. Der Volksmund spricht dann etwa von dicker, schwerer oder drückender Luft im Gegensatz zu leichter, wenn sie kühl und trocken ist. Das bringt jedoch nur eine gewisse Empfindung zum Ausdruck, denn in Wirklichkeit ist feuchte Luft bei gleicher Temperatur ja leichter als trockene. Tatsache ist indessen, daß, im Gegensatz zu warmfeuchter Luft, kühlfeuchte viel weniger unangenehm ist, solange sich keine Kälteempfindungen einstellen.

Sinkt die Luftfeuchtigkeit allzu tief, so hört man wohl darüber klagen, daß solche Luft im Halse kratze. Das kommt hauptsächlich von der dabei auftretenden vermehrten Staubbildung her. Man kann dann im Freien auch beobachten, wie Schnee, ohne Wasserlachen zu bilden, sich infolge Verdunstung verhältnismäßig rasch verflüchtigt.

Bei der Betrachtung der austrocknenden Wirkung der Luft auf die toten Gegenstände einerseits und auf den menschlichen Körper anderseits hat man zu unterscheiden zwischen dem Sättigungsdefizit und dem physiologischen Sättigungsdefizit.

Unter Sättigungsdefizit versteht man den Unterschied zwischen dem Sättigungsdruck p_s des Wasserdampfes bei der in Frage kommenden Lufttemperatur und dem in Wirklichkeit in der Luft herrschenden Dampfdruck p_D. Handelt es sich z. B. um Luft von 20° und 50% relativer Feuchtigkeit, so ist $p_s = 17{,}53$ mm Hg, $p_D = 17{,}53 \cdot 0{,}5 = 8{,}77$ mm Hg, das Sättigungsdefizit also $= (17{,}53 - 8{,}77) = 8{,}76$ mm Hg.

Beim physiologischen Sättigungsdefizit bezieht man den Sättigungsdruck auf 37°, weil sich die eingeatmete Luft in den Luftwegen, insbesondere in der Lunge, auf diese Temperatur erwärmt, setzt also $p_s = 47{,}07$ mm Hg. Das physiologische Sättigungsdefizit ist demnach $= (47,07 - p_D)$, im vorstehenden Fall also $= (47,07 - 8,77) = 38,30$ mm Hg.

Zur Gewinnung von Anhaltspunkten darüber, wie es an Orten, deren Klimate stark voneinander abweichen, mit den durchschnittlichen Sättigungsdefiziten und den mittleren physiologischen Sättigungsdefiziten steht, habe ich in der schon früher erwähnten Zahlentafel 54 auch diese Werte, bezogen auf die Jahresdurchschnitte, eingetragen. Daraus geht hervor, daß die mittleren Sättigungsdefizite mit zunehmender Höhe ü. M. ab-, die physiologischen Sättigungsdefizite dagegen zunehmen. Von Lugano (275 m ü. M.) bis zum Säntisgipfel (2500 m ü. M.) sinkt das mittlere jährliche Sättigungsdefizit von 2,4 auf 0,7 mm Hg, während das physiologische Sättigungsdefizit von 39,4 auf 44,1 mm Hg steigt.

Zahlentafel 54. Jahresmittel.

Ort	Höhenlage ü. M.	Mittlere Jahrestemperatur	Mittlere relative Feuchtigkeit	Mittlere absolute Feuchtigkeit	Sättigungsdefizit	Physiologisches Sättigungsdefizit	Durchschnittliche tägliche Sonnenscheindauer	Windgeschwindigkeit
	m	°C	%	g/m³	mm Hg	mm Hg	Stunden	m/s
Lugano	275	11,4	76	7,8	2,4	39,4	6,1	—
Zürich	493	8,5	77	6,5	1,9	40,7	4,7	2,5
Davos-Platz . . .	1561	2,7	78	4,5	1,2	42,7	4,9	—
Bevers	1710	1,3	76	4,0	1,2	43,2	—	—
Säntis	2500	—2,6	80	3,1	0,7	44,1	4,8	7,4
London	6	9,8	79	7,3	1,9	39,9	4,0	3,4
Valentia (Irland) . .	9	10,5	84	8,2	1,5	39,1	4,0	5,4
Thorshavn (Farör) .	9	6,3	83	6,1	1,2	41,1	—	—

Weiter habe ich an Hand der Zahlentafel 51 die Sättigungsdefizite und die physiologischen Sättigungsdefizite für die nämlichen Orte auch in bezug auf die einzelnen Monate berechnet und die Ergebnisse in Abb. 55 aufgetragen. Wie ersichtlich, ist das Sättigungsdefizit an sämtlichen Orten in den Sommermonaten höher als in den Wintermonaten, während das physiologische Sättigungsdefizit ‚das umgekehrte Verhalten zeigt.

Ferner ergibt sich aus der Darstellung, daß, in gleicher Weise wie dies in bezug auf die Jahreswerte festgestellt wurde, auch die Monatswerte der Sättigungsdefizite mit zunehmender Höhe ü. M. ab-, diejenigen der physiologischen Sättigungsdefizite dagegen zunehmen. Von Lugano bis zum Säntisgipfel sinken die monatlichen Sättigungsdefizite von 5,6 bis 1,1 auf 1,1 bis 0,5 mm Hg, während die physiologischen Sättigungsdefizite von 43,0 bis 33,4 auf 45,4 bis 41,7 mm Hg steigen.

Diese Zahlen geben ein klares Bild von der austrocknenden Wirkung der Höhenluft auf den menschlichen Körper, die bekanntlich auch zu Heilzwecken (Lungentuberkulose) benutzt wird.

Hinsichtlich der Trockenwirkung der Außenluft auf die toten Gegenstände ist zu bemerken, daß das Sättigungsdefizit zwar von beträchtlichem Einfluß, jedoch nicht allein maßgebend ist.

Auf den Färöerinseln z. B. ist nach Zahlentafel 54 der durchschnittliche relative Feuchtigkeitsgehalt der Luft hoch, das Sättigungsdefizit klein. Im Sommer herrscht daselbst viel Nebel, und nach dem Handbuch der Klimatologie fallen sogar an durchschnittlich 281 Tagen des Jahres Niederschläge. Trotzdem werden daselbst große Mengen Fische und Fleisch (ganze Schafe und Vögel, Walfischfleisch usw.) an der Luft getrocknet, teilweise, indem sie im Freien oder in durchlässigen Schuppen aufgehängt werden, während man die zum Trocknen auf den Boden gelegten Fische auf die Klippen, d. h. trockenen Fels legt (daher auch der Name Klippfische). Zum Gelingen dieses Unternehmens trägt ohne Zweifel in erster Linie der starke Wind bei, ferner auch der Umstand, daß die Luft salzhaltig ist und außerdem weil im Freien, des Windes wegen, wenig Insekten vorkommen, welche die Fäulnis des Fleisches befördern würden.

Die in bezug auf Versammlungsräume zu stellenden Behaglichkeitsanforderungen sind bereits besprochen worden. Es handelt sich aber auch vielfach um Räume wie Museen, Lager- oder Arbeitsräume, in denen nicht das Behaglichkeitsgefühl an erster Stelle steht, sondern der Umstand, daß die Luft zum Lagern der Waren, bzw. zu ihrer Verarbeitung die zweckentsprechendste Beschaffenheit aufweisen soll. Für Museen stimmen die erforderlichen Luftverhältnisse zwar ungefähr mit denjenigen der Behaglichkeit überein. So wurde z. B. für das Bundesarchiv in Schwyz[1], in dem alte Handschriften, Fahnen usw. aufbewahrt werden, beim Erstellen der Klimaanlage gewährleistet, daß im Sommer bei 28 bis 30° Außentemperatur und 65 bis 70 % relativer Feuchtigkeit die Raumluft 21 bis 22° und 65 bis 70 %, im Winter bei im Freien bis zu —20° und 90 bis 95 % dagegen 16 bis 17° und ebenfalls 65 bis 70 % aufweisen soll.

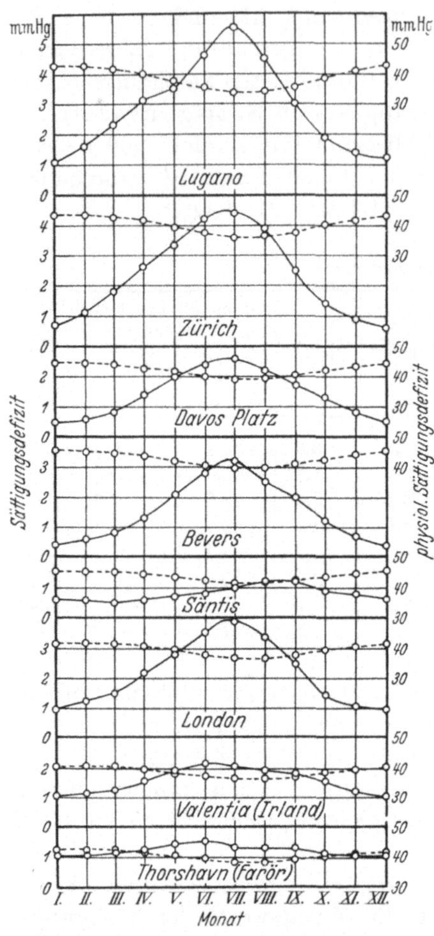

Abb. 55. Durchschnittliche monatliche Sättigungsdefizite (ausgezogen) und physiologische Sättigungsdefizite (gestrichelt) der Außenluft in mm Hg.

Es ist bekannt, daß zweckmäßige Luftbeschaffenheit von erheblichem Einfluß auf die einwandfreie Erhaltung von Gegenständen ist, insbesondere wenn es sich um Stoffe aus tierischen oder pflanzlichen Fasern, um Ölgemälde usw. handelt. Zu große Trockenheit führt zu Brüchigkeit und Rißbildungen, während zu große Feuchtigkeit die Festigkeit der Gegenstände beeinträchtigt und Schimmelbildungen bewirken kann.

In bezug auf industrielle Betriebe wie Spinnereien, Webereien, Tabakfabriken

---

[1] Hottinger, M.: Die Klimaanlage des Bundesarchivs. Schweiz. Bauztg. Bd. 108 (1936) S. 258/259.

usw. liegen, wie Zahlentafel 55 erkennen läßt, die Verhältnisse zum Teil wesentlich anders als bei Versammlungsräumen[1]. Wenn z. B. in Wollspinnereien für feine und mittlere Wollsorten 21° und 80 bis 85%, oder in den Lösereien und Mischräumen von Zigarettenfabriken 20° und 90% verlangt werden, so fallen die betreffenden Punkte erheblich über die Behaglichkeitskurve a der Abb. 54 hinaus.

Zahlentafel 55.
Bei der Erstellung von Klimaanlagen für industrielle
Betriebe zu gewährleistende Temperaturen und
Feuchtigkeitsgehalte.

In	Temperaturen °C	Relative Feuchtigkeit %
Baumwollspinnereien	18—20	65—70
Vorwerken	18	55—60
Wollspinnereien, Kammgarnspinnereien für feine Wollsorten		
(Sidney, Australien usw.)	21	80—85
für mittlere Wollsorten (Cap Croisé usw.) .	21	70—80
für grobe Wollsorten (Lamm, Croisé, englische Wolle, Apokaps)	21	60—70
In den Vorarbeitssälen kann die Feuchtigkeit geringer sein		
Baumwollwebereien		
bei feuchtem Schußgarn	18	60—70
bei trockenem Schußgarn	18	70—80
Seidenspinnereien	18	80
Seidenwebereien	18	65—75
Zur Verarbeitung von Leinen, Hanf, Jute .	18	60
Bei der Woll- und Leinenverarbeitung ist die Innehaltung der angegebenen Verhältnisse von besonders großer Wichtigkeit.		
Zigarettenfabriken		
Vorfeuchterei	18	80
Löserei und Mischräume	20	90
Tabakschneiderei, Zigarettenmaschinensäle, Schnittabak- und Schragenlager, Packraum und Fertiglager	18	50—55
In Zigarettenfabriken dürfen vor allem keine großen, plötzlichen Wärme- und Feuchtigkeitsschwankungen in den Räumen auftreten.		

Besondere Anforderungen sind zu stellen, wenn es sich um Räume handelt, in denen sich Kranke aufzuhalten haben. Dann sind die Wünsche der Ärzte maßgebend. Bei Räumen für Heufieberkranke ist außer der Temperatur und dem Feuchtigkeitsgehalt auch die Staubfreiheit der Luft von besonderem Wert. Der Höchststaubgehalt der Luft in Großstädten ist etwa 5 mg/m³. Werden bei Lüftungs- und Klimaanlagen Filter vorgesehen, so ist zu verlangen, daß die Luft hinter denselben nicht mehr als etwa 0,5 mg/m³ Staub enthält.

Vorstehend wurde darauf hingewiesen, daß für die Trockenwirkung der Luft

---

[1] Vgl. auch Joselin, E. L.: Luftbewetterung. J. Heat. & Vent. Engr. 5 (1937) S. 297/316. Kurzer Bericht im Gesundh.-Ing. 61 (1938) S. 160.

in bezug auf tote Gegenstände und Pflanzen die Sättigungsdefizite (p_s—p_D), in Hinsicht auf den Wasserentzug aus den Luftwegen des menschlichen Körpers dagegen die physiologischen Sättigungsdefizite (47,07—p_D) maßgebend sind. In Abb. 56 sind diese Werte in Abhängigkeit von den Lufttemperaturen t für verschiedene relative Feuchtigkeitsgehalte φ der Luft aufgetragen. Ferner sind in die Kurven der physiologischen Sättigungsdefizite auch die Behaglichkeitsgrenzen a und b der Abb. 54 wieder eingezeichnet.

Das ungleiche Verhalten der Sättigungsdefizite und der physiologischen Sättigungsdefizite geht aus Abb. 56 deutlich hervor. Während bei gleichbleibender relativer Feuchtigkeit der Luft die Sättigungsdefizite mit zunehmender Lufttemperatur stark ansteigen, sinken die physiologischen Sättigungsdefizite. Betrachtet man z. B. Luft mit 70 % relativer Feuchtigkeit, so sind die Sättigungsdefizite bei 0, 10, 20 und 30° gleich 1,37, 2,76, 5,26 und 9,55 mm Hg, die physiologischen Sättigungsdefizite dagegen gleich 43,9, 40,6, 34,8 und 24,8 mm Hg.

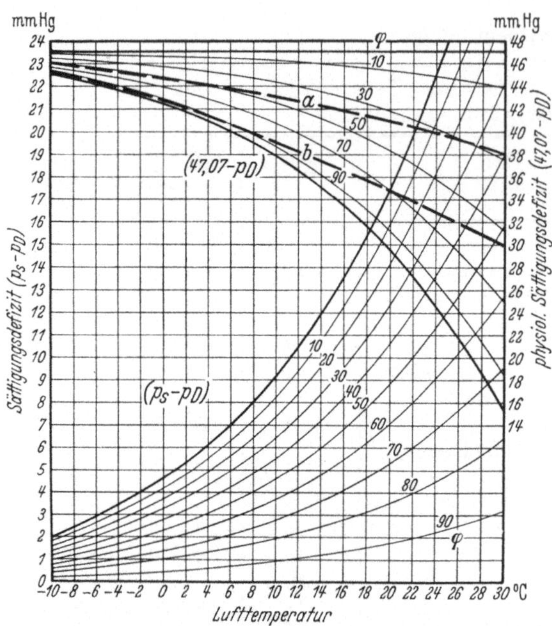

Abb. 56. Untere Kurven: Sättigungsdefizite (p_s—p_D), obere Kurven: Physiologische Sättigungsdefizite (47,07—p_D) in mm Hg, bei verschiedenen Temperaturen $t°$ und relativen Feuchtigkeitsgehalten φ% der Luft.

Stellt man Luftzustände mit gleichem physiologischen Sättigungsdefizit zusammen und vergleicht damit die entsprechenden Sättigungsdefizite, so ergibt sich beispielsweise folgendes: Luft von 0° und 70 % oder 12° und 30 % oder 30° und 10 % weist ungefähr das gleiche physiologische Sättigungsdefizit von rd. 43,9 mm Hg auf. Die entsprechenden Sättigungsdefizite sind dagegen 1,37, 7,36 und 28,64 mm Hg. In jedem der drei Fälle entzieht die Luft den Luftwegen des menschlichen Körpers also gleich viel Wasser, während die Trockenwirkung auf die toten Gegenstände mit steigender Temperatur sehr stark zunimmt. Luft von 12° und 30 % oder gar solche von 30° und 10 % wird nach Kurve b in Abb. 54 zwar auch als zu trocken empfunden, die große Trockenwirkung auf die toten Gegenstände ist dabei aber unvergleichlich viel auffallender.

Beachtlich ist auch, daß in Abb. 56 die Grenzkurven a und b der Behaglichkeit mit zunehmender Lufttemperatur sinken. Die dem Behaglichkeitszustand der Luft entsprechenden physiologischen Sättigungsdefizite liegen z. B. bei 0° zwischen 42,7 und 44,8 mm Hg, bei 30° dagegen zwischen 29,9 und 38,0 mm Hg. Trotzdem also bei 30° der Lunge weniger Wasser entzogen wird als bei 0°, fühlt man sich innerhalb der angegebenen Grenzen wohl, was damit zusammenhängen dürfte, daß bei hohen Temperaturen Schweißbildung einsetzt, also die Wasserverdunstung und damit auch der Wärmeentzug von der Hautoberfläche zunehmen.

Die relative Feuchtigkeit der Luft ändert sich bei der Erwärmung oder Kühlung von t auf $t_1{}^0$ nach der Formel

$$\varphi_1 = \frac{\varphi \cdot p_s}{p_{s_1}} \ \% .$$

Darin bedeutet:

φ die relative Feuchtigkeit vor der Temperaturänderung, d. h. bei t^0,

φ_1 die relative Feuchtigkeit nach der Temperaturänderung, d. h. bei $t_1{}^0$,

p_s den Sättigungsdruck des Wasserdampfes in mm Hg bei t^0,

p_{s1} den Sättigungsdruck des Wasserdampfes in mm Hg bei $t_1{}^0$.

Erwärmt sich Luft von z. B. $0°$ und 80% auf $20°$, so nimmt sie somit eine relative Feuchtigkeit an von

$$\varphi_1 = \frac{80 \cdot 4{,}58}{17{,}53} = \text{rd. } 21\% .$$

Dabei steigt das Sättigungsdefizit von $(4{,}58 - 3{,}66) = 0{,}92$ auf $(17{,}53 - 3{,}66) = 13{,}87$ mm Hg, während das physiologische Sättigungsdefizit in beiden Fällen $(47{,}07 - 3{,}66) = 43{,}41$ mm Hg beträgt.

Die Zustandsänderung der Luft durch Erwärmung oder Kühlung wird also unter der Voraussetzung, daß weder Wasser hinzutritt noch abgeführt wird, in der Kurvendarstellung der physiologischen Sättigungsdefizite in Abb. 56 durch waagerechte Linien gekennzeichnet.

Infolge der Erwärmung beim Einströmen im Winter aus dem Freien in beheizte Räume oder bei ihrer Erwärmung in den Luftheizgeräten von Lüftungsanlagen, Luftheizungen, Trocken- oder Entnebelungsanlagen wird die Luft somit relativ sehr trocken. Die immer noch weitverbreitete Meinung, daß die Zimmerluft im Winter durch Lüften befeuchtet werden könne, ist daher durchaus irrig, im Gegenteil kann die relative Feuchtigkeit in kalten Wintern durch das vorübergehende Öffnen der Fenster u. U. bis auf 20% und noch weniger sinken.

5. Die Wasserverdunstung bei verschiedenen Spannungsunterschieden und Luftgeschwindigkeiten.

Zur Milderung großer Trockenheit der Raumluft, insbesondere aber bei eigentlichen Befeuchtungsanlagen, und anderseits bei der Trocknung, spielt die Wasserverdunstung eine Rolle. Es sei daher kurz folgendes erwähnt:

Sie hängt vom Spannungsunterschied $(p_s - p_D)$ ab, wobei p_s der Sättigungsdruck des Wasserdampfes bei der Temperatur der Verdunstungsoberfläche und p_D wieder der Teildruck des in der Luft enthaltenen Wasserdampfes in mm Hg ist. Außerdem ist die Stärke der Verdunstung in hohem Maße von der Luftbewegung abhängig und steht schließlich, wenn die Daltonsche Verdunstungsformel diesbezüglich stimmt, im umgekehrten Verhältnis zum Luftdruck, so daß sie nach Zahlentafel 50 unter sonst gleichen Verhältnissen auf 2000 m Höhe rd. 1,3mal größer ist als am Meer.

Verdunstungsversuche, die ich einerseits in Zürich bei rd. 450 m ü. M. und anderseits in Lenzerheidesee bei rd. 1550 m ü. M. durchzuführen Gelegenheit hatte, zeigten eine merkliche Zunahme der Wasserverdunstung bei 1550 m. Die Feststellungen sind indessen nicht einwandfrei genug, um angeben zu können, ob die Zunahme genau im umgekehrten oder in einem etwas anderen Verhältnis zur

Abnahme des Luftdruckes steht. Vielleicht ließe sich die Frage unter Verwendung von Unterdruckgeräten beantworten, wobei jedoch gewisse Vorsichtsmaßnahmen erforderlich wären, wenn die Ergebnisse mit den im freien Luftraum zu erwartenden übereinstimmen sollen. Es ist zu beachten, daß sich die nachfolgend angegebenen Verdunstungsmengen durchweg auf Höhen bis zu etwa 500 m ü. M. beziehen und daß sie in großen Höhenlagen größer ausfallen werden.

Thiesenhusen hat eingehende Verdunstungsversuche bei verschiedenen Wassertemperaturen und Luftgeschwindigkeiten von 0,5 bis 1,5 m/s durchgeführt[1]. Ich habe dieselben für ganz kleine Spannungsunterschiede und Luft-

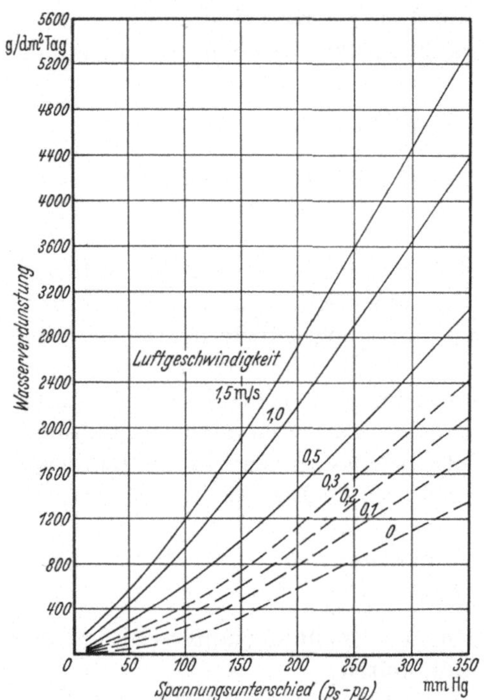

Abb. 57. Wasserverdunstung in g/dm² Tag bei verschiedenen Luftgeschwindigkeiten in Abhängigkeit vom Spannungsunterschied ($p_s — p_D$). (Zusammengestellt nach Versuchen von Thiesenhusen.)

Zahlentafel 56.
Wasserverdunstung in g/dm² Tag bei Temperaturen der Wasseroberfläche von 20 bis 80° und verschieden stark bewegter Luft von 20° und 50% relativem Feuchtigkeitsgehalt.

Luft-geschwindig-keit m/s	Temperatur der Wasseroberfläche ° C			
	20	40	60	80
	Verdunstende Wassermenge in g/dm² Tag			
0	6	37	284	1339
0,1	10	87	422	1742
0,2	15	137	555	2080
0,3	24	175	675	2400
0,5	48	260	941	3010
1,0	106	403	1435	4340
1,5	170	529	1785	5080

geschwindigkeiten ergänzt[2] und auf Grund aller dieser Ergebnisse die Abb. 57 und 58 aufgezeichnet. Wenn diese Kurven auch keinen Anspruch auf unbedingte Genauigkeit machen, so geben sie doch eine Übersicht über die Verdunstung, wie sie m. W. in diesem Umfang und auch mit dieser Zuverlässigkeit bisher nicht besteht. Sie erlauben eine Menge von Fragen mit für die Praxis ausreichender Genauigkeit zu beantworten. So stützt sich darauf z. B. Zahlentafel 56, in der gezeigt ist, wie groß die tägliche Verdunstungsmenge je dm² bei Temperaturen der Wasseroberfläche von 20 bis 80°, Luft von 20° und 50% relativer Feuchtigkeit und Luftgeschwindigkeiten von 0 bis 1,5 m/s ist. Andere Feuchtigkeitsgehalte der Luft bewirken bei gleicher Temperatur der Luft Änderungen der Spannung p_D des in der Luft ent-

---

[1] Thiesenhusen: Untersuchungen über die Wasserverdunstungsgeschwindigkeit in Abhängigkeit von der Temperatur des Wassers, der Luftfeuchtigkeit und Windgeschwindigkeit. Gesundh.-Ing. Bd. 53 (1930) S. 113/119.

[2] Hottinger: Wasserverdunstung und Luftbefeuchtung. Gesundh.-Ing. Bd. 61 (1938) H. 19.

haltenen Wasserdampfes, also auch des Spannungsunterschiedes $(p_s - p_D)$, die, bezogen auf hohe Wassertemperaturen, nur geringe, bei Wassertemperaturen, die

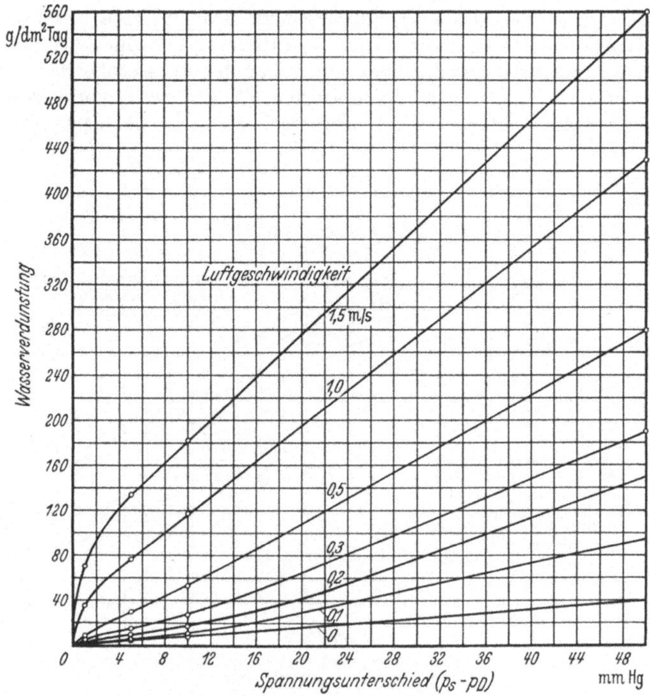

Abb. 58. Wasserverdunstung in g/dm² Tag bei verschiedenen Luftgeschwindigkeiten in Abhängigkeit vom Spannungsunterschied $(p_s - p_D)$.

von denjenigen der Luft nicht oder nur wenig abweichen, dagegen sehr beträchtliche Unterschiede in der Verdunstung hervorbringen. In Zahlentafel 57 sind beispielsweise die täglichen Verdunstungsmengen angegeben unter der Annahme, daß sowohl Luft als Wasser eine Temperatur von 20° haben und die Luft 30, 50 und 80% gesättigt sei, sowie Geschwindigkeiten von 0 bis 1,5 m/s aufweise.

Die Luftgeschwindigkeiten an den in Frage kommenden Verdunstungsstellen sind erforderlichenfalls zu messen, was z.B. mit dem Katathermometer, das sich zur Feststellung selbst kleinster Luftgeschwindigkeiten vorzüglich eignet, geschehen kann. In Abb. 59 ist das Katathermometer-Diagramm mit im Freien und an verschiedenen Orten in Räumen festgestellten Meßergebnissen wiedergegeben. Ist die zu erwartende Luftgeschwindigkeit nicht bekannt und auch nicht meßbar, so gestattet Abb. 59 schätzungsweise ungefähre Annahmen zu treffen.

Zahlentafel 57.

Wasserverdunstung in g/dm² Tag bei 20° Wasser- und Lufttemperatur, relativen Feuchtigkeitsgehalten der Luft von 40 bis 80% und Luftgeschwindigkeiten von 0 bis 1,5 m/s.

Luftgeschwindigkeit	Relativer Feuchtigkeitsgehalt der Luft in %		
	30	50	80
m/s	Verdunstende Wassermenge in g/dm² Tag		
0	9	6	3
0,1	14	10	4
0,2	21	15	7
0,3	34	24	11
0,5	66	48	22
1,0	134	106	64
1,5	204	170	118

Beispiel. Man wünsche festzustellen, wie groß die Verdunstung aus einer auf einen Heizkörper gestellten Verdunstungsschale von 1,0 m Länge und 0,15 m Breite ist. Es werde angenommen, daß im kalten Winter, wenn mit hohen Vorlauftemperaturen geheizt wird, die Luft über dem Heizkörper eine Temperatur von z. B. 50° habe, zufolge ihrer starken Erwärmung eine relative Feuchtigkeit von 10% und, entsprechend Abb. 59, eine Geschwindigkeit von 0,3 m/s besitze. Längs des Heizkörpers wird die Auftriebsgeschwindigkeit der Luft bei so hohen Heizwassertemperaturen zwar größer sein, über der Wasseroberfläche können aber trotzdem kaum mehr als 0,3 m/s angenommen werden. Weiter werde vorausgesetzt, daß sich das Wasser in der Schale ebenfalls auf 50° erwärme. Dann ist der Spannungsunterschied

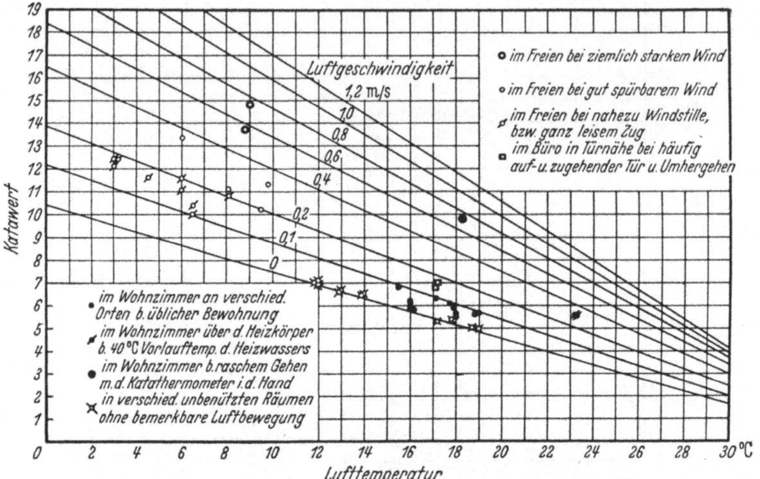

Abb. 59. Lufttemperaturen, Katawerte und zugehörige Luftgeschwindigkeiten m
eingetragenen Meßergebnissen.

$(p_s - p_D) = (92,5 - 9,3) = 83,2$ mm Hg. Nach Abb. 57 ergibt sich hierfür bei 0,3 m/s Luftgeschwindigkeit eine Verdunstungsmenge von rd. 340 g/dm² Tag oder für die in Frage stehende Schale von 15 dm² eine solche von 5100 g/Tag. Zufolge der Drosselung der Heizung während der Nacht wird sie in Wirklichkeit etwas kleiner ausfallen. Rechnet man indessen damit und nimmt weiter an, es handle sich um ein Zimmer mit 50 m³ lichtem Rauminhalt, sowie eine einmalige stündliche Lufterneuerung durch die Undichtigkeiten der Umfassungswände, so strömen in 24 Stunden 1200 m³ Luft ein und entfallen auf den m³ $\frac{5100}{1200} = 4{,}2$ g Wasser, was immerhin genügt um die sonst außerordentlich große Trockenheit zu mildern.

Bei den Schlußfolgerungen aus solchen Berechnungen tut man jedoch gut, Vorsicht walten zu lassen, weil die Ergebnisse, wie aus den Abb. 57 und 58 hervorgeht, in hohem Maße von den getroffenen Annahmen abhängen.

Wünscht man die Verdunstungsmengen zu erhöhen, so kommt außer der Steigerung des Spannungsunterschiedes $(p_s - p_D)$ und der Luftgeschwindigkeit natürlich auch die Vergrößerung der Verdunstungsoberfläche in Frage, sei es durch Aufstellung von größeren oder mehr Verdunstungsschalen, vielleicht mit ins Wasser eintauchenden wasseraufsaugenden Flächen und Luftführungen[1], von Berieselungsgeräten oder durch Zerstäubung des Wassers[2]. Bei den Berieselungsgeräten ist die Vergrößerung der Oberfläche darauf zurückzuführen, daß das

---

[1] Vgl. z. B. Hübner, M.: Untersuchung von Einzelluftbefeuchtern zur Raumluftbefeuchtung, mit ausführlichem Schrifttumverzeichnis. Gesundh.-Ing. 61 (1938) S. 89/93. — Bauer, K.: Vorrichtungen zur Befeuchtung der Luft. Gesundh.-Ing. 61 (1938) S. 147/148.

[2] Rybka, K. R.: Klimatechnik, Entwurf, Berechnung und Ausführung von Klimaanlagen. München und Berlin: R. Oldenbourg, 1937.

Wasser in einzelne Tropfen und Wasserfäden zerteilt wird, die zudem die Ober-
flächen der Berieselungskörper und -flächen benetzen. Bei der Zerstäubung des
Wassers kommen diese Umstände noch viel mehr zur Geltung, weil das Wasser
in feinste Wassertröpfchen aufgelöst wird, die mit der Luft in innige Berührung
treten und dadurch eine außerordentlich große Verdunstungsoberfläche bilden.
Bei gleichzeitiger Erwärmung des zerstäubten Wassers fällt außerdem der
Spannungsunterschied groß aus; allerdings findet eine rasche Abkühlung des
Wassers statt, weil ihm ein beträchtlicher Teil der erforderlichen Verdunstungs-
wärme entzogen wird.

Als Hinweise darauf, was durch Verwendung von Streudüsen erreichbar ist,
seien folgende Versuchsergebnisse genannt:

In einem Kanal von 1,0 auf 1,15 m wurde eine Düsenreihe, bestehend aus
vier Düsen, in 1 m Abstand von einem Tropfenfänger eingebaut. Der Tropfenfänger hatte zu verhindern, daß Wassertropfen auf mechanischem Wege in die
Luftkanäle und Räume mitgerissen werden. Dabei ergaben sich bei einer Luftgeschwindigkeit von 1,4 m/s im Kanal die in Zahlentafel 58 aufgeführten Ergebnisse.

Zahlentafel 58.
Versuchsergebnisse bei der Zerstäubung erwärmten
Wassers bei einer Düsenreihe.

Temperatur des zerstäubten Wassers	Luftzustand vor der Befeuchtung		Luftzustand nach der Befeuchtung		Verdunstete Wasser- menge
	Tem- peratur	Relative Feuch- tigkeit	Tem- peratur	Relative Feuchtig- keit	
° C	° C	%	° C	%	rd. %
44	15,5	39	15,0	61	2
64	15,8	38	16,4	72	3
85	16,0	37	18,1	90	6

Bemerkenswert ist, wie wenig sich die Luft, auch bei stark vorgewärmtem Ein-
spritzwasser, erwärmt hat, was eben auf die rasche Abkühlung des Wassers zufolge
des Entzuges an Verdunstungswärme zurückzuführen ist. Als die Temperatur des
Einspritzwassers beispielsweise 72° betrug, war diejenige des gesammelten Rück-
laufwassers nur 19°.

In ähnlicher Weise habe ich auch Versuche mit ungewärmtem Wasser durchgeführt, wobei jedoch zwei Düsenreihen in Abständen von 2,2 und 3,4 m vom Tropfenfänger angebracht wurden. Das Wasser hatte eine Temperatur von 16,5°.
Damit ergaben sich die in Zahlentafel 59 enthaltenen Ergebnisse. Die verdunsteten
Wassermengen betrugen 3—4% der zerstäubten und die Luft wurde, wie ersichtlich, auf 0,3 bis 1° über die Temperatur des zerstäubten Wassers abgekühlt.

Weiter hatte ich Gelegenheit an einem Falschebnerschen Luftbefeuchtungs-
gerät Versuche durchzuführen. Es bestand aus einem U-förmig gebogenen
Blechrohr von 145 mm Durchmesser und 320 mm gerader Schenkellänge. Oben
war je ein Bogen mit Ansaug- und Ausblaseteil, unten ein Doppelbogen mit an
der tiefsten Stelle angebrachtem Wasserablauf angesetzt. Ferner war in einem der
geraden Schenkel eine nach unten gerichtete Streudüse eingebaut, durch deren Be-
tätigung die Luft in dem Rohr nicht nur befeuchtet, sondern gleichzeitig in Be-
wegung gesetzt wurde. Das zerstäubte Wasser hatte eine Temperatur von 18°

8*

und stand unter einem Druck von 11,5 at. Die angesaugte Luft hatte 22° und 60%, die ausgestoßene 18,5° und 100% relative Feuchtigkeit. Die verdunstete Wassermenge betrug rd. 1,5% der zerstäubten.

Bedeutend leistungsfähiger sind derartige Einrichtungen mit Lüfterbetrieb, wobei das Wasser statt durch Streudüsen bisweilen auch durch die Lüfterflügel zerstäubt wird.

Ferner wird das Wasser unter Verwendung von Sonderdüsen und Preßluft von z. B. 0,3 bis 0,4 at oft direkt in die zu befeuchtenden Räume hinein zerstäubt. Es strömt dabei durch Nadelventile zu und

Zahlentafel 59.

Versuchsergebnisse bei der Zerstäubung ungewärmten Wassers bei zwei Düsenreihen.

Luftgeschwindigkeit	Luftzustand vor der Befeuchtung		Luftzustand nach der Befeuchtung	
	Temperatur	Relative Feuchtigkeit	Temperatur	Relative Feuchtigkeit
m/s	° C	%	° C	%
1,3	22,5	45	16,8	97
1,8	21,0	51	17,5	95
2,4	20,0	56	17,5	90

wird von der ringförmig austretenden Druckluft z. T. unmittelbar aufgesaugt. Zur Vermeidung von Tropfenbildung dürfen aber nicht mehr als 3 bis höchstens 5 l/h Wasser je Düse zugeführt werden[1].

L. Sconfietti hat ein Verfahren vorgeschlagen, wonach überhitztes Wasser durch Zerstäuberdüsen in die Räume hinein zerstäubt wird[2]. Dabei verdampft ein großer Teil desselben unmittelbar. Die dazu erforderliche Wärme wird zur Hauptsache dem Wasser selber, im übrigen der Luft entzogen, so daß nach Versuchen von Körting, trotz der Zuführung derart heißen Wassers, keine Erwärmung, sondern sogar eine Kühlung der Raumluft eintritt. Auf die Vermeidung von Tropfenbildung ist dabei besonders zu achten.

Man ist sogar so weit gegangen, unmittelbar Dampf in die zu befeuchtenden Räume einströmen zu lassen[3]. Das Verfahren hat jedoch nicht befriedigt.

Diese Hinweise auf die verschiedenen Möglichkeiten der Luftbefeuchtung mögen genügen. Auf die Besprechung der baulichen Ausbildung der großen Zahl bestehender Befeuchtungseinrichtungen einzutreten, ist hier nicht der Ort.

6. Vom Rechnen mit feuchter Luft.

Wenn in der Heiz- und Lüftungstechnik mit feuchter Luft gerechnet werden muß, so ist es üblich, kg und nicht m³ zugrunde zu legen, weil 1 kg Luft bei der Änderung der Temperatur und des Druckes stets 1 kg bleibt, während sich der Rauminhalt ändert. Die Wassergehalte in kg und die Wärmeinhalte in kcal können je kg trockene Luft nach bekannten Formeln berechnet oder aus dem Mollierschen $i-x$-Diagramm entnommen werden. Dieses hat in jüngster Zeit eine äußerst wertvolle Erweiterung durch die schon unter Abschnitt IX 1 erwähnten Jahnkeschen „Fluchttafeln für feuchte Luft" erfahren, aus denen sich außer allen Angaben über Temperatur, Wasserdampfgehalt, Wärmeinhalt, Kühlgrenze und Taupunkt auch diejenigen über die Rauminhalte und die Raumgewichte entnehmen lassen, und zwar für alle praktisch in Frage kommenden Luftdrücke, also auch für Orte in großen Höhenlagen ü. M.

---

[1] Vgl. Z. VDI vom 21. Oktober Bd. 66 1922.
[2] Vgl. Luftbefeuchtungsanlagen nach Sconfietti Gesundh.-Ing. Bd. 27 (1904) S. 426/428.
[3] Vgl. Gesundh.-Ing. Bd. 34 (1911) S. 915.

X. Weitere Einflüsse der Höhenlage ü. M. auf die Heiz- und Lüftungsanlagen.

Außer den unter den Abschnitten II 4 und IX besprochenen Einflüssen auf die Lufttemperatur, also auch auf die durchschnittliche Zahl der jährlichen Gradtage und auf den mittleren Feuchtigkeitsgehalt der Luft, bzw. auf die Sättigungsdefizite und die physiologischen Sättigungsdefizite, handelt es sich in bezug auf die Höhenlage noch um andere bei der Berechnung der Heiz- und Lüftungsanlagen zu berücksichtigende Punkte, von denen auf folgende hingewiesen sei:

1. Siedetemperaturen des Wassers und Dampftemperaturen.

In Zahlentafel 50 sind auch die Siedetemperaturen des Wassers bei verschiedenen Höhenlagen ü. M. angegeben. Die tieferen Temperaturen bei höheren Lagen sind bei Warmwasserheizungen, des früheren Überkochens wegen, nicht erwünscht, bei Dampfheizungen dagegen willkommen, weil dadurch das Aufheizen der Kessel rascher vor sich geht. Außerdem ist aber zu beachten, daß der Dampf niedrigere Temperaturen aufweist. In Abb. 60 sind die Siedetemperaturen des Wassers entsprechend den Barometerständen zeichnerisch aufgetragen, und zwar außer für die jeweiligen Atmosphärendrücke auch für Überdrücke von 0,05 bis 0,2 at.

Daraus geht z. B. hervor, daß, wenn es sich um den Wärmedurchgang von drucklosem Dampf an Luft von 20° handelt, die Übertemperatur auf Meereshöhe (100 — 20) = 80°, auf 2000 m ü. M. dagegen nur (93,5 — 20) = 73,5° beträgt. Der Temperaturunterschied ist somit auf 2000 m nur $\frac{73,5}{80}$ = 0,92 mal so groß wie auf 0 m Höhe. Hat der Dampf einen Überdruck von 0,2 at, so ist

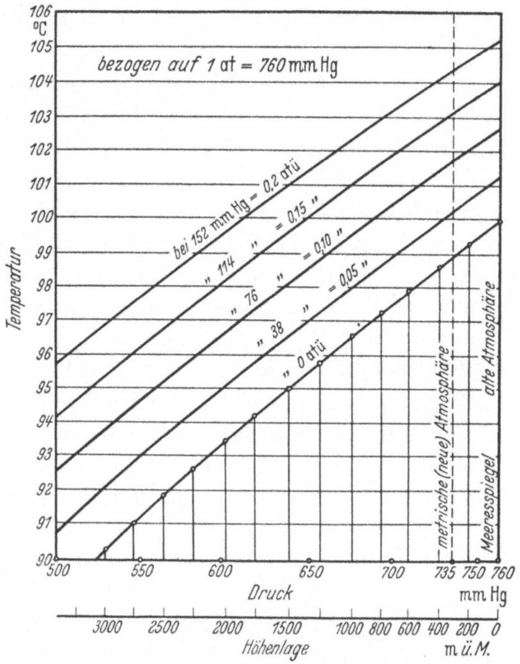

Abb. 60. Die Dampftemperaturen bei verschiedenen Höhenlagen ü. M. und Überdrücken von 0—0,2 at.

bei ebenfalls 20° Lufttemperatur die Übertemperatur auf Meereshöhe (105,2 —20) = 85,2°, auf 2000 m (99,6—20) = 79,6°. In dem Fall ist der Temperaturunterschied auf 2000 m Höhe also 0,94 mal so groß wie auf Meereshöhe.

2. Wärmeangabe der Heizkörper.

Durch eingehende Versuche haben Schmidt und Kraussold die Abhängigkeit der Wärmeabgabe der Heizkörper vom Barometerstand festgestellt[1]. Sie

---

[1] Schmidt, E. und Kraussold, H.: Die Wärmeabgabe von Gliederheizkörpern. Gesundh.-Ing. Bd. 55 (1932) S. 54.

schreiben: „Die Abhängigkeit der Wärmeabgabe eines Gliederheizkörpers vom Barometerstand b und der Übertemperatur Θ kann man bei Übertemperaturen von 40 bis 100° mit einer für praktische Zwecke ausreichenden Genauigkeit darstellen durch die Gleichung

$$q_{b\Theta} = q_n \left[s + (1 - s) \sqrt{\frac{b}{b_n}} \right] \left(\frac{\Theta}{\Theta_n} \right)^{4/3}.$$

Dabei ist q_n die Wärmeabgabe bei dem normalen Barometerstand $b_n = 760$ mm Hg und der normalen Übertemperatur $\Theta_n = 80°$ bei Dampfheizung und $\Theta_n = 60$ bei Warmwasserheizung, $q_{b\Theta}$ die Wärmeabgabe bei einem Barometerstand b und der Übertemperatur Θ, und s ist der Bruchteil der durch Strahlung abgegebenen Wärme, den wir im Mittel bei Gliederheizkörpern zu 0,20 angenommen haben.

Die Formel kann auch für Rippenrohre benutzt werden, nur ist dann für die Temperaturabhängigkeit der Exponent 5/4 an Stelle von 4/3 einzusetzen.

Bei der Berechnung von Heizungsanlagen an Orten mit größerer Höhe ü. M. darf der Einfluß der geringeren Luftdichte auf die Wärmeabgabe nicht außer acht gelassen werden. Bei 1000 m Meereshöhe beträgt die Verminderung bei $s = 0,20$ (und gleicher Übertemperatur Θ, Anmerk. d. Verfassers) etwa 4,8 %.“

Wenn die vorstehende Formel allgemeine Gültigkeit besitzt, so geht daraus hervor, daß die Abnahme der Wärmeabgabe druckloser Dampfheizkörper, bzw. solcher mit gleichem Überdruck, in großen Höhen sehr beträchtlich ist, nicht nur, weil der Einfluß der geringeren Luftdichte stark zur Geltung kommt, sondern, wie unter Abschnitt X 1 gezeigt wurde, auch eine erheblich kleinere Übertemperatur besteht. Setzt man z. B. für 0, 1000, 2000 und 3000 m Höhenlage ü. M. die aus Zahlentafel 50 entnommenen mittleren Barometerstände und Siedetemperaturen des Wassers in obige Formel ein, so ergibt sich bei einer Lufttemperatur von 20° für drucklose Dampfheizkörper eine Abnahme der Wärmeabgabe bei 1000 m auf rd. 90 %, bei 2000 m auf rd. 81 % und bei 3000 m sogar auf rd. 73 %.

Eigene Erfahrungen über die Veränderung der Wärmeabgabe von Heizkörpern mit dem Luftdruck stehen mir nicht zur Verfügung, so daß ich nicht beurteilen kann, ob es zulässig ist, die Formel von Schmidt und Kraussold auch für derart große Höhenlagen, wie sie vorstehend angenommen worden sind, zu verwenden.

3. Wärmeinhalt des Dampfes sowie Verdampfungs- bzw. Niederschlagswärme.

Weiter sind in Zahlentafel 50, der Vollständigkeit wegen, noch die Wärmeinhalte, bezogen auf 0°, sowie die Verdampfungs-, bzw. Niederschlagswärmen des unter den angegebenen Luftdrücken stehenden Dampfes angegeben. Während die Wärmeinhalte mit zunehmender Höhe ü. M. sinken, nimmt die Verdampfungs-, bzw. Niederschlagswärme zu. Wenn auch die Unterschiede nur klein sind, so empfiehlt es sich für genaue Berechnungen doch sie zu berücksichtigen.

4. Erwärmung und Kühlung der Luft.

Die Erwärmung von 1 kg trockener Luft um 1° erfordert 0,241 kcal, diejenige von 1 m³ von 0° bei 760 mm Hg Barometerstand $0,241 \cdot 1,293 = 0,31$ kcal. Bei der Kühlung sind die gleichen Wärmemengen abzuführen, solange der Taupunkt nicht unterschritten wird. Scheidet sich Wasser aus, so ist außerdem die frei werdende Niederschlagswärme zu beseitigen.

Entsprechend der Ausdehnung der Luft mit zunehmender Höhe sinkt das Luftgewicht (vgl. Zahlentafel 50) und dementsprechend auch die zur Erwärmung, bzw. Kühlung einer bestimmten Luftmenge zu- bzw. abzuführende Wärmemenge. Die Vernachlässigung dieses Umstandes bewirkt in größeren Höhen erhebliche Fehler, wie folgendes **Beispiel** zeigt:

Um 1000 m³ Luft, bezogen auf 0°, um 1° zu erwärmen oder zu kühlen, sind in Höhenlagen von 0 bis 3000 m ü. M. die in Zahlentafel 60 angegebenen Wärmemengen zu- bzw. abzuführen. Aus der untersten Zeile geht hervor, daß bei Vernachlässigung der Höhenlage die Fehler je 1000 m Höhenunterschied rd. 10% betragen.

Zahlentafel 60.
Zur Erwärmung bzw. Kühlung von 1000 m³ Luft (bezogen auf 0°) zu- bzw. abzuführende Wärmemengen in verschiedenen Höhenlagen ü. M.

Höhenlage ü. M.	m	0	500	1000	2000	3000
Raumgewicht von 1 m³ trockener Luft von 0° nach Zahlentafel 50	kg/m³	1,293	1,218	1,146	1,017	0,902
Zur Erwärmung bzw. Kühlung von 1000 m³ um 1° zu- bzw. abzuführende Wärmemengen	kcal	312	294	276	245	217
Fehler bei Vernachlässigung der Höhenlage .	%	0	6	12	22	30

5. Luftbedarf der Feuerungen.

Mit zunehmender Höhe und der entsprechenden Ausdehnung der Luft wird der Sauerstoffgehalt je m³ geringer. Zur Verfeuerung einer bestimmten Brennstoffmenge braucht es also in der Höhe eine größere Luftmenge. Wird die Luft der Feuerung durch ein Gebläse zugeführt, so erfordert dieses somit auch mehr Energie.

Eigenmann (Davos) führt folgendes **Beispiel**[1] aus seiner Praxis an:

1 kg Heizöl hat einen durchschnittlichen Heizwert von 10000 kcal/kg, ergibt bei einem mittleren Kessel-Wirkungsgrad von 80% also 8000 kcal nutzbar. Für einen Heizkessel mit 122000 kcal/h Listenleistung muß somit eine Brennerleistung von 15,2 kg/h (rd. 17,9 l/h) Öl vorgesehen werden.

Jedes Kilogramm Öl erfordert zur guten Verbrennung (CO_2-Gehalt $= 12\%$, Luftüberschußzahl $n = 1,35$) 18,5 kg Luft. Bei 20° Kesselraumtemperatur, 630 mm Barometerstand (in Davos) und 400 mm WS $= 29$ mm Hg Luftdruck am Brenner, zusammen also 659 mm Hg, wiegt diese Luft 1,045 kg/m³. Die von 1 kg Öl benötigten 18,5 kg weisen also einen Rauminhalt von $\frac{18,5}{1,045} = 17,7$ m³ auf, so daß das zum Brenner gehörende Gebläse $15,2 \cdot 17,7 = 270$ m³/h zu fördern hat. Bei dem in Frage kommenden Wirkungsgrad ist dazu ein Kraftaufwand von 1,05, also ein Motor von 1,5 PS erforderlich.

Angeboten waren in dem in Frage stehenden Fall eine Leistung von nur 200 m³/h und ein Motor von 1,0 PS unter der Voraussetzung eines Raumgewichtes der Luft von 1,15 kg/m³. 200 m³ von 1,15 kg ergeben aber nur 220 m³ von 1,045 kg, also zu wenig.

6. Heizwert des Gases.

Außer im umgekehrten Verhältnis zum Druck, unter dem ein Gas steht, ändert sich dessen Rauminhalt bekanntlich auch im gleichen Verhältnis wie die absolute Temperatur. Das ist u. a. beim Betrieb von Gasheizöfen zu berücksichtigen, indem der Heizwert des Gases im umgekehrten Verhältnis zu seinem Rauminhalt steht.

---

[1] Eigenmann: Der Einfluß der Höhenlage auf die Berechnung von technischen Anlagen. Installation, März 1933.

Beispiel. Nach dem Beschluß des Vereins Schweiz. Gas- und Wasserfachmänner vom Jahre 1926 hat der obere Heizwert des Gases, bezogen auf 0° und 760 mm Hg, bei sämtlichen dem Verein angeschlossenen Werken mindestens 5000 kcal/m³ zu betragen. Bei einer Temperatur des Gases von 10° darf er daher sinken: In 500 m Höhe ü. M. bis auf 4550, in 1000 m bis auf 4280, in 1500 m bis auf 4030 und in 2000 m bis auf 3800 kcal/m³.

7. Der natürliche Auftrieb in Luftschächten und Schornsteinen.

Die treibende Kraft in Luftschächten und Schornsteinen mit natürlichem Auftrieb kommt infolge des Gewichtsunterschiedes zwischen der kälteren Außen- und der wärmeren Innenluft zustande. Der wirksame Druck ist gleich $h \cdot (\gamma_a - \gamma_i)$ kg/m² oder mm WS, wenn h die Schachthöhe in m, γ_a das Raumgewicht der Außen- und γ_i dasjenige der Innenluft in kg/m³ bedeutet. Da das Raumgewicht der Luft mit zunehmender Höhenlage ü. M. abnimmt, so sinkt für gleiche Schachthöhen und gleiche Temperaturunterschiede auch der wirksame Druck.

Beispiele. Bei einem Luftschacht von 10 m Höhe, einer Außentemperatur von 0° und einer Innentemperatur von 20° ist der wirksame Druck:

$$\text{bei 0 m Höhe ü. M.} \quad = 10 \cdot \left(\frac{1{,}293}{1} - \frac{1{,}293}{1{,}073}\right) = 0{,}88 \text{ mm WS,}$$

$$\text{bei 2000 m Höhe ü. M.} = 10 \cdot \left(\frac{1{,}017}{1} - \frac{1{,}017}{1{,}073}\right) = 0{,}69 \text{ mm WS.}$$

Bei einem Schornstein von 20 m Höhe, einer Außentemperatur von —20° und einer Innentemperatur von +200° ist der wirksame Druck:

$$\text{bei 0 m Höhe ü. M.} \quad = 20 \cdot \left(\frac{1{,}293}{0{,}927} - \frac{1{,}293}{1{,}733}\right) = 12{,}96 \text{ mm WS,}$$

$$\text{bei 2000 m Höhe ü. M.} = 20 \cdot \left(\frac{1{,}017}{0{,}927} - \frac{1{,}017}{1{,}733}\right) = 10{,}20 \text{ mm WS.}$$

Der kleinere natürliche Auftrieb in großen Höhenlagen und die damit zusammenhängende geringere Luftgeschwindigkeit an den Heizkörpern vorbei dürfte auch die Hauptursache dafür sein, daß deren Wärmeabgabe bei gleichen Temperaturunterschieden aber niedrigeren Barometerständen abnimmt, worauf unter Abschnitt X 2 hingewiesen wurde.

Von den weiteren Einflüssen der Höhenlage ü. M. auf technische Anlagen sei schließlich noch erinnert an die geringere Ansaughöhe der Pumpen und an die kleinere Leistungsfähigkeit von Explosions- und Verbrennungsmotoren, sofern die Verbrennungsluft von diesen angesaugt und nicht durch einen Verdichter zugeführt wird. Darauf einzutreten ist hier jedoch nicht der Ort.